大数据驱动下同期线损
精细化管理技术与案例分析

陈光宇　黄　海　丁智华　张仰飞　郝思鹏　黄文灏　**编著**

机械工业出版社

本书详细介绍了同期线损、电量预测及线损率异常处理方法，并结合工程实例具体分析了台区线损率异常的智能辨识方法。本书共分5章，内容包括：理论线损和同期线损，同期线损管理系统及实用功能，同期线损售电量精准预测及影响因素相关性分析，数据驱动下台区同期线损率异常智能辨识方法，以及同期线损精细化管理应用案例及分析等内容。重点介绍了同期线损管理系统，电量精准预测方法，以及台区线损率异常的研判技术。

本书内容先进，体系合理，是初学者了解同期线损管理系统和台区线损率异常处理的理想教材。本书既可作为理工科院校电力等相关专业的教材，也可供电力、电工领域的线损运维和管理人员以及相关从业人员参考。

图书在版编目（CIP）数据

大数据驱动下同期线损精细化管理技术与案例分析 / 陈光宇等编著 . —北京：机械工业出版社，2021.1（2023.1 重印）

ISBN 978-7-111-66849-7

Ⅰ.①大… Ⅱ.①陈… Ⅲ.①线损计算—案例 Ⅳ.① TM744

中国版本图书馆 CIP 数据核字（2020）第 211177 号

机械工业出版社（北京市百万庄大街 22 号 邮政编码 100037）
策划编辑：刘星宁 责任编辑：刘星宁
责任校对：张 力 封面设计：马精明
责任印制：郜 敏
北京盛通商印快线网络科技有限公司印刷
2023 年 1 月第 1 版第 3 次印刷
169mm × 239mm · 10.5 印张 · 202 千字
标准书号：ISBN 978-7-111-66849-7
定价：59.00 元

电话服务 网络服务
客服电话：010-88361066 机 工 官 网：www.cmpbook.com
010-88379833 机 工 官 博：weibo.com/cmp1952
010-68326294 金 书 网：www.golden-book.com
封底无防伪标均为盗版 机工教育服务网：www.cmpedu.com

前　言

　　线损是电力企业一项重要的综合性技术经济指标，也是供电企业绩效考核的关键指标之一，因此加强线损管理，尤其是同期线损的精细化管理，能够提高线损管理人员的业务素质、工作效率和管理水平，是电力企业的一项重要工作。目前同期线损的管理方法相对粗放，在电量精准预测、线损率异常排查和定位方面仍有较大提升空间，因此作者根据当前同期线损精细化管理的实际需要，结合参考各种同期线损管理和运维的相关资料，精心编写了《大数据驱动下同期线损精细化管理技术与案例分析》一书。本书重点从同期线损的概念、同期线损管理系统的实用功能、同期线损售电量精准预测、台区同期线损率异常智能辨识方法以及同期线损精细化管理实际应用案例等方面，系统而具体地讲述了同期线损精细化管理的主要方法。本书具有很好的参考性和可操作性，是一本实用性很强的同期线损精细化管理的工具书，可广泛应用于供电企业的各个相关部门。

　　本书共分5章，内容包括：理论线损和同期线损，同期线损管理系统及实用功能，同期线损售电量精准预测及影响因素相关性分析，数据驱动下台区同期线损率异常智能辨识方法，以及同期线损精细化管理应用案例及分析。

　　本书由陈光宇博士牵头组织编写，黄海、丁智华、张仰飞、郝思鹏、黄文灏共同参与编写。此外，林纲高级工程师，硕士研究生徐嘉杰、吴文龙、张欣、孙叶舟、杨昊天，本科生陆牧君、曹吴彧、费楷、何泽皓、陆清远等也参加了部分内容的整理和修改，你们的努力使得本书内容更加完善和细致。本书参考了国内外部分相关技术文献，在此谨向相关作者和出版社深表谢意。

　　本书可作为供电企业线损运维管理、用电营销等相关从业人员的参考书与基层单位线损管理人员的培训教材，也可作为理工科院校电力等相关专业的教学参考书。

　　由于作者水平有限，不足和疏漏之处在所难免，恳请有关专家、学者与广大读者和技术同仁批评指正。

　　感谢所有为本书出版做出贡献的人！

作者

目 录

第3章　同期线损售电量精准预测及影响因素相关性分析

第4章 数据驱动下台区同期线损率异常智能辨识方法

第1章

理论线损和同期线损

1.1 无功电压和线损的关系

用户或者一个地区所需要的有功和无功负荷，是通过送、变、配电设施（电网络）由电源（发电厂）传输而来。这种传输过程在网络中的表现形式是电流。因为 $S=\sqrt{3}UI$，所以网络内通过的电流和负荷的大小成正比。换言之，如果网络的电压是不变的，电流的大小就反映了传输功率的大小。若网络的电压变高，在传输功率不变的情况下，电流就要减小。而线损实质上就是通过输、变、配电设施将电力传输给用户的过程中，在这些设施的自身电阻中所引起的有功功率消耗。

1.1.1 电能的传输及功率因数

用户或一个地区所需要的电能（通称电力负荷）是通过电网（亦即送、变、配电设施）由发电厂传输而来的。这个传输的电能包括两个部分：一部分是用来发光、发热、起动机器等的功率；另一部分是用来建立磁场，为传输电能及保障前一部分实现能量转换所必不可分的往返交换功率。前一部分称为有功功率，后一部分称为无功功率。换言之，在电能传输中电网本身以及由电网供给用户的电能均是有功功率和无功功率同时存在的。这个同时存在的功率称为视在功率。它和有功功率、无功功率的关系如下：

$$S^2=P^2+Q^2 \tag{1-1}$$

式中，S 为视在功率（kV·A）；P 为有功功率（kW）；Q 为无功功率（kvar）。有功功率占视在功率的比例称为力率或功率因数，并用 $\cos\varphi$ 表示：

$$\cos\varphi=\frac{P}{S} \tag{1-2}$$

换句话说，功率因数这个概念就是表明有功功率在传输的整个（视在）功率中所占的比重。由于视在功率这个概念在实际上给我们的印象不太直观，一般可根据功率三角形（它是视在功率、有功功率、无功功率三者实际上互相依存的基本关系）导出直接由有功功率和无功功率求取力率的基本关系：

$$\tan \varphi = \frac{Q}{P} \qquad (1\text{-}3)$$

1.1.2　电能传输中的损耗——线损

作为电业部门经济指标考核的线损是供电量和售电量之差。这仅仅是线损的总结，而不能说明线损的实质，我们称之为统计线损或营业线损。那么，线损的实质是什么呢？

前边已经指出，用户或者一个地区所需要的有功和无功负荷，是通过送、变、配电设施（电网络）由电源（发电厂）传输而来。这种传输过程在网络中的表现形式是电流。因为 $S = \sqrt{3}UI$，所以网络内通过的电流和负荷的大小成正比。换言之，如果网络的电压是不变的，电流的大小就反映了传递功率的大小。若网络的电压变高，在传输功率不变的情况下，电流就要减小。需要指出的是，这里说的传输功率，也就是随用户的需要而变的有功和无功负荷。故而，通过网络的电流亦有所谓无功电流和有功电流之分。

由于网络本身客观存在着电阻和电抗，电流通过时必然会消耗一定的有功功率和无功功率

$$\Delta P = 3I^2 R \times 10^{-3} \qquad (1\text{-}4)$$

$$\Delta Q = 3I^2 X \times 10^{-3} \qquad (1\text{-}5)$$

式中，ΔP 为有功损耗（kW）；ΔQ 为无功损耗（kvar）；R 为网络电阻（Ω）；X 为网络电抗（Ω）；I 为通过网络的视在电流（A）。

$$\begin{cases} I = \dfrac{S}{\sqrt{3}U} = \dfrac{P^2 + Q^2}{\sqrt{3}U} \\[2mm] \Delta P = \dfrac{P^2 + Q^2}{U^2} R \times 10^{-3} \\[2mm] \Delta Q = \dfrac{P^2 + Q^2}{U^2} X \times 10^{-3} \end{cases} \qquad (1\text{-}6)$$

式（1-6）说明，由于电流中包含无功分量和有功分量，有功损耗实质上是由传输有功功率所引起的有功功率损耗及传输无功功率所引起的有功损耗之和。同样，无功损耗也有传输有功和无功功率所引起的无功损耗之分。由于无功损耗不具有实际的经济意义，加上它影响开式网络无功潮流分布的作用不大，故一般所说的线损是指传输功率（包括有功和无功功率）时在网络中所引起的有功损耗，即 ΔP。

综上所述，线损实质上就是通过输、变、配电设施将电力传输给用户的过程中，在这些设施的自身电阻中所引起的有功功率消耗。

1.1.3　无功补偿的实质和经济意义

由于电力负荷本身包含有功和无功功率，而电力传输过程中需要无功功率的支撑，因此，无功电力需要通过输、变、配电设施从电源中汲取。无功补偿的实质就是，要避免或尽量减少这些无功功率在网络中的传输，设法就地设立无功电源，比如安装并联电容器、装设调相机等，从而满足用户及网络元件对无功功率的需要。例如，XX变电站10kV母线装了480台计5760kvar电力电容器，它们的作用就是供给从XX变电站10kV母线出线用电的所有用户的无功功率需要，以及这些10kV配电线的无功损耗。这一部分无功功率就不通过主变压器以及发电厂110kV母线获取。

由此可知，由于XX变电站10kV母线补偿电容器的安装，减少了这部分无功功率在110kV输、变电设施中的"穿过"。这样一来，进入XX变电站的无功功率少了，而有功功率不变，那么功率因数就势必提高。变电站功率因数的提高，说明穿越变电站的无功功率减少，虽然传输的有功功率不变，但是总电流（视在电流）将减小。随着电流的减小，必然有：

1）因为有功损耗 $\Delta P = 3I^2R \times 10^{-3}$，所以线路的有功损耗便会降低；

2）因为 $\Delta U = IR$，所以补偿点电源侧的电压降就要降低，这就意味着补偿点以前的电压将会提高；

3）在传输有功功率不变的情况下，功率因数的提高，相对地提高了补偿点以上网络的出力。

上述三点就是无功补偿的经济效果。这种效果究竟有多大？

根据下式：

$$\Delta P = \frac{P^2 + Q^2}{U^2}R = \frac{S^2}{U^2}R = \frac{P^2}{U^2\cos^2\varphi}R \tag{1-7}$$

可知，在传输有功功率不变的情况下，网络的额定有功损耗与功率因数及电压的二次方成反比。因而，当功率因数下降后，线路损耗就会有较大幅度的提高。根据上述关系式，如果先假定电压不变，则损耗和功率因数的关系可见表1-1。

表1-1　电压不变的情况下损耗和功率因数的关系

$\cos\varphi$	损耗增加
1	0
0.95	11%
0.90	23%
0.85	38%
0.80	56%
0.75	78%
0.70	104%
0.65	136%
0.60	178%

若功率因数不变，运行电压和线损的关系见表 1-2。

表 1-2　功率因数不变的情况下运行电压和线损的关系

电压	线损
+1%	−2%
+5%	−9%
+10%	−17.3%
−1%	+2%
−5%	+11%
−10%	+23.5%
−15%	+32%

需要指出，电压和功率因数对线损的影响不是单独存在的，因为功率因数的提高势必会减少电压降，也就是电压将会提高。比如，功率因数由 0.8 提高到 0.9，电压提高了 1%，那么损耗就要降低（56% − 23%）+2%=35%。

电压降、功率因数和线损之间有怎样的关系呢？由下式可见：

$$\Delta P\% = \frac{1}{\cos^2\varphi\left(1+\dfrac{x}{R}\tan\varphi\right)}\Delta U\% \tag{1-8}$$

当 $\cos\varphi=1$（此时 $\tan\varphi=0$）时，$\Delta P\%=\Delta U\%$。也就是说，若功率因数为 1，那么网络的线损率即是电压降的百分数。

根据上述道理，无功电源的就地补偿提高了网络的功率因数，降低了线损。然而，无功电源的设置是要费用的，这样一来，由线损减少而节约的电能价值和设置无功电源投资间的权衡是需要考量的。为便于进行这种权衡，引入了一个参量，称为无功补偿的"经济当量"。

若补偿前的线损为

$$\Delta P_1 = \frac{P^2+Q^2}{U^2}R\times10^{-3} \tag{1-9}$$

加装 Q_C 后的线损为

$$\Delta P_2 = \frac{P^2+(Q+Q_C)^2}{U^2}R\times10^{-3} \tag{1-10}$$

Q_C 为无功补偿装置发出的无功量。

减少的线损为

$$\Delta\Delta P = \Delta P_1 + \Delta P_2 \tag{1-11}$$

$$\Delta\Delta P = \frac{2Q_C R}{U^2}\left(Q-\frac{Q_C}{2}\right)\times10^{-3} \tag{1-12}$$

等式两边各除以 Q_C 并令 $K_C = \dfrac{\Delta\Delta P}{Q_C}$ ，则有

$$K_C = \frac{2R}{U^2}\left(Q - \frac{Q_C}{2}\right) \times 10^{-3} \qquad (1\text{-}13)$$

K_C 表示无功补偿的经济当量，它的意义是，电网中装设每千乏补偿容量后所能减少的有功损耗平均值（即折算率）。式（1-13）表明：①K_C 和 R 成正比，即补偿设备距电源越远，效果越好，所以无功补偿的原则应是"就近补偿"或"就地补偿"；②K_C 和电压的二次方成反比，即同样的补偿容量装在低压侧比装在高压侧效果好。也就是说，同样的补偿容量，随着电压的升高其补偿效果会降低；③若网络无功功率缺额较大，即原功率因数较低时，每千乏补偿容量的补偿效果便越好；④所需无功功率与补偿容量之间的差值越大，补偿效果便越好，即随着补偿容量逐步接近所需无功功率，则每千乏补偿容量的补偿效果便要相应地降低。

此外，无功补偿的经济当量还与电能成本以及补偿容量的单位投资有关。如电能成本较高而补偿装置的单位投资较低，则无功补偿的经济价值就较大，此时允许 K_C 值可以稍低。

1.2　理论线损研究现状

电能从生产出来到用户使用的整个过程中，各个环节的元件在物理上都会存在一定的电阻和电抗等特性，电流通过这些元件时就会产生电能损耗，这是一种自然的物理现象，也使电力传输过程中不可避免地产生有功、无功电能的损失。这些损失按性质称为技术线损，也叫理论线损，是电能由发电到用电过程中产生的可计算的损失。

线损贯穿整个输电网络，主要包括技术损耗和管理损耗。在实际工作中，我们通常会对所属输、变、配电设备根据其设备参数和实测运行数据进行线路损耗的理论值计算，我们称之为线损理论计算。其中最重要的一个参数就是线损率，它指的是线损电量占供电量的百分数。计算公式如下：

理论线损率 = 理论线损 / 供电量 ×100%

供电企业的线损率计算公式如下：

线损率 =（供电量 – 售电量）/ 供电量 ×100%

供电量 = 企业统一核算发电厂上网电量 + 企业购入电量

售电量 = $\sum$（每个用户的抄件电量）

配电网线损分析与研究这一课题一经提出，就吸引了国外学者的广泛关注。他们构建了电网中各种元件正常工作的数学模型，以此计算理论的电能损耗。然而，因为电网中的各种元件的损耗功率是随着时间变化的，所以电网中损耗的电能计算为动态值，必须运用积分手段来求取。对于配电网而言，因为配电网中元

件的种类丰富多样，节点数较多，所以系统的运行参数和网络结构参数搜集起来会存在较大的困难，故采用潮流法计算线损不太可取。当前电网的发展十分迅猛，各类先进的电子设备不断更新换代，电网的网络结构也日益复杂。与此同时，值得高兴的是配电网环节自动化、现代化、科技化的程度越来越高。这样一来，也导致对配电网理论线损计算方法的研究取得了一些成果，如模糊理论逼近法、人工神经元法、负荷统计学方面的聚类法等。这些方法原本都是应用于其他领域的，通过适当的调整，就可以将这些方法应用到网损的理论计算中。尽管将这些方法应用于网损的理论计算中是有所创新的，然而在实际的电网系统中，应用这些方法还是会遇到非常多的困难，导致其尚未被广泛推广。

1.2.1 线路损耗模型及其计算方法

电网线损的理论线损电量主要包括配电线路线损、配电变压器线损及其相对应设备的损耗，如电容器、电抗器等。计算配电网理论线损的前提是收集和掌握电网结构参数和运行参数，但在实际的电网运行中，结构参数是很难改变的，由此，在计算配电网的理论线损时，可将结构参数认为是已知量，运行参数是未知量。但收集完整的运行数据也是十分困难的。此外，考虑到一些元器件（比如电容器等）相对线路及变压器的损耗较小，因此在实际的计算中往往会忽略。

1. 短线路的损耗计算

在计算线损时，必须考虑线路的长度，对于长度不超过 100km 的电力线路，即短线路，在计算过程中往往忽略等效电路的电导和电纳，将线路作集中参数处理。在计算 35kV 及以下的架空线路、10kV 及以下的电缆线路时，常使用等效电路法。

2. 中长线路的损耗计算

对于长度在 100~300km 的电力线路（即中长线路），在计算其损耗时往往忽略线路的电导，其等效线路用 Π 形等效电路表示，参数作集中参数处理。该等效电路实际应用于 300km 以内的 110~220kV 架空线路和长度在 100km 以内的电缆线路下的损耗计算。

3. 长线路的损耗计算

对于长度超过 300km 的线路（即长线路），在计算损耗时按分布参数的 Π 形或 T 形电路来计算。在时间段 T 内，该配电网的电能损耗计算公式为

$$\Delta A = 3T \sum_{i=1}^{m} \frac{P_i^2 + Q_i^2}{U_i^2} R_i \times 10^{-3} \tag{1-14}$$

式中，P_i、Q_i 分别为 T 时刻的第 i 段线路对应的有功功率（kW）、无功功率（kV·A）；R_i 为第 i 段线路导线电阻（Ω）；m 为线路总段数；U_i 为第 i 段线路的平均电压；T 为计算时段的小时数。

1.2.2　变压器损耗原理及其计算方法

计算电网线损时往往要考虑变压器中的电能损耗。电力系统的配电变压器主要包括两种：一种是专用配电变压器，该种变压器的电能损耗由用户承担，由于损耗已计入售电量内，因此线损计算中不再计算；另一种是公用配电变压器，其损耗由供电部门承担，此类配电变压器在进行线损计算时必须逐台计算，因此计算线损前，需要对该类变压器的性质、容量和台数核实清楚。

1.配电变压器的固定损失电量计算

变压器线圈通过电流产生磁通，主磁通在铁心中引起的涡流损耗和磁滞损耗为变压器的空载损耗，即认为是变压器的固定损耗。变压器铁心的损耗电量 ΔA_T（kW·h）为

$$\Delta A_T = \Delta P_0 \left(\frac{U_n}{U_f} \right)^2 t \tag{1-15}$$

式中，ΔP_0 为变压器空载损耗功率（kW）；t 为接入系统时间或计算时段（h）；U_n 为变压器额定电压（kV）；U_f 为变压器分接头电压（kV）。

2.配电变压器的日可损失电量计算

配电变压器的日可损失电量 ΔA_R（kW·h）计算公式为

$$\Delta A_R = \sum_{k=1}^{n} \Delta P_{dl,k} \left(\frac{I_{\max b}}{I_{e,k}} \right) F \times 24 \times 10^{-3} \tag{1-16}$$

式中，$\Delta P_{dl,k}$、$I_{e,k}$ 分别为各台配电变压器的短路损耗（W）、额定电流（A），而这两个数据可以通过配电变压器产品使用手册查询得到；n 为变压器总台数；$I_{\max b}$ 和 F 分别是配电变压器的最大负荷电流和损失因数。

1.2.3　常见的配电网理论线损计算

配电网在实际运行中往往缺乏负荷电量资料和元件运行数据，也没有相对应的潮流分析，因此配电网自动化水平不高的供电企业在进行线损理论计算时常采用非潮流的计算方法，即馈线出口均装有电流表、功率表，可以获取馈线出口代表日24h正点电流。常用的配电网理论计算方法有方均根电流法、平均电流法（形状系数法）、等效电阻法等。在结合实际计算线损过程中，可根据实际情况选择合适的计算方法。

1.方均根电流法

方均根电流法是一种手动计算方法，也是近似计算电网线损的方法，即选取负荷频繁变化下单位小时内电能表实测数据进行方均根电流计算。设电网元件电阻为 R，通过此元件的电流为 I，则该电网元件电阻一天24h内的电能损耗值 ΔA（kW·h）由下式计算：

$$\Delta A = 3\int_0^{24} I^2 R \mathrm{d}t \times 10^{-3} \tag{1-17}$$

设代表日 24h 的日负荷电流实测值为 I_1，I_2，$\cdots$，I_{24}，则可变为下面求电能损耗的常用公式

$$\Delta A = 3[I_1^2 + I_2^2 + \cdots + I_{24}^2]R \times 10^{-3} \tag{1-18}$$

I_{rms} 是代表日的方均根电流，其值为 $I_{\mathrm{rms}} = \sqrt{\dfrac{\sum\limits_{i=1}^{24} I_i^2}{24}}$。

方均根电流法只适用于供电均衡、负荷曲线较为平坦的电网，它假设方均根电流的损耗是实际负荷在该段时间内的电能损耗。求取方均根电流时从末端负荷开始向前叠加，求出每段线路上的平均电流，再由各段电阻求得各段代表日的损耗电量，进而得到配电网的总损耗电量。

2. 平均电流法

平均电流法是利用代表日 24h 正点抄录的负荷电流的平均值与方均根电流的等效关系进行线损计算的方法。

求得代表日 24h 负荷电流平均值 $I_{\mathrm{pj}} = \dfrac{I_1 + I_2 + \cdots + I_{24}}{24}$ 之后，采用下式求取电能损耗：

$$\Delta A = 3I_{\mathrm{pj}}^2 R K^2 t \times 10^{-3} \tag{1-19}$$

式中，R 是计算元件的电阻值（Ω）；I_{pj} 是日负荷电流的平均值（A）；t 是日运行时间（$t = 24\mathrm{h}$）；K 是平均电流法需要计算的形状参数，该参数是反映负荷急剧变化或平缓程度的特征参数。在直角坐标系曲线上来看，$I_{\mathrm{pj}}^2 R$ 相当于曲线包围的面积。之所以用 K^2，是将其面积值加以修正，使计算结果更加接近损耗值。对于大多数农村配电线路，$K = 1.05 \sim 1.25$。其中，纯工业负荷线路，$K = 1.05 \sim 1.10$；纯农业负荷线路，$K = 1.10 \sim 1.25$；混合负荷线路，$K = 1.08 \sim 1.18$。

3. 最大负荷损失小时法

最大负荷损失小时法在假定用户最大负荷保持不变的前提下，在最大的时间 τ 内的电能损耗等于该时间 τ 内实际负荷在该电阻上引起的电能损耗：

$$\Delta A = \Delta P_{\mathrm{zd}} \tau = 3I_{\mathrm{zd}}^2 R\tau \times 10^{-3} \tag{1-20}$$

计算的结果会产生较大的误差，这就决定了最大负荷与最大负荷损耗时间是大概的取值，因此该方法也仅是对电网电能损耗进行估算。此种方法是通过分析大量重要因素给出的经济合理的方案，不是决定因素，在计算中也是采用近似计算，加之原始数据本身存在相当大的误差，所以计算出的能耗不够准确。实际规

划时由规划设计者确定这两个值，当已知负荷率 f、最大负荷时间 T_{zd} 和功率 $\cos\varphi$ 时，最大负荷损耗时间为 $\tau = f(T_{zd}\cos\varphi)$。

4. 改进的方均根电流法

在进行线损计算时应尽可能地简化计算，这就要求尽可能少的原始数据、工作量，但又要确保计算的准确性。计算配电线路线损时用电压损失法结合日方均根电流可以达到这一目的，此种为改进的方均根电流法。该方法简单易行又合理。具体估算步骤如下：

1）求出 $\Delta U_p(\%)$ 为

$$\Delta U_p(\%) = \frac{\Delta U_{p1} - \Delta U_{p2}}{\Delta U_{p1}}(\%) \qquad (1-21)$$

式中，U_{p1} 是配电变压器出口处相电压（kV），可取三相电压平均值；U_{p2} 是用户端最低点相电压。最低点相电压是在测量时的三相中最低相电压，如最低电压的相所承受的负荷是单相负荷，则必须测量几个低电压取平均值。求出的相电压损耗百分数 $\Delta U_p(\%)$ 也就是线电压损耗百分数 $\Delta U(\%)$，即 $\Delta U(\%) = \Delta U_p(\%)$。

2）取 $K_{PIU} = 0.75$，求出 $\Delta P(\%) = 0.75\Delta U(\%)$。

3）$\Delta P_{max} = \dfrac{P_{max} \times \Delta P(\%)}{100}$，$\Delta P_{max}$ 是当地测量电压损耗时，由在变压器出口测量的 U、I、$\cos\varphi$ 的最大值算出，即 $P_{max} = \sqrt{3}U_{max}I_{max}\cos\varphi$。

4）根据计算线损时段内的该线路的供电量 A，得出 $T_{max} = \dfrac{A}{P_{max}}$，得到最大负荷损耗时间 $\tau = f(T_{zd}\cos\varphi)$。

5）该线路的电能损耗为 $\Delta A = \Delta P_{max}\tau$。

5. 等效电阻法

在方均根电流法的基础上，将线路等效为一个等效电阻。在某一计算时间内，流过该电阻产生的电能损耗等于实际线路各段电阻能耗之和，即为等效电阻法，它是由方均根电流法派生而来的一种方法。

1.3　同期线损理论及研究现状

电网在输送电能时产生的电能损耗直接影响电力的使用效率和经济效益。随着电力体制改革的日益深化，降低线损越发显现出重要性，本着"技术线损最优化、管理线损最小化"的降损理念，使专业管理由粗放型转向科学、规范的良性循环，从而降低供电成本，提高供电企业的经济效益。为保证线损统计的真实性，使线损管理纳入规范化、标准化、科学化、制度化管理轨道。但由于客户数量的不断增加，为了更好地为客户开展服务工作，在合理分配工作量的前提下，部分单位把低压用户分成单月抄表或双月抄表，导致出现供、售电量抄表不同期，对线损统计造成影响。抄表周期即用户用电结算的时间周期，单月抄表的结算月为奇数月，每两个月抄表结算一次电量，双月抄表的结算月为偶数月，每两个月抄表结算一次电量，每月抄表即每月结算一次。各地区低压居民用户一般都采用单月或双月抄表，一部分用户设置在单月抄表结算电量，另一部分用户设置在双月抄表结算电量。这样有利于减轻抄表工作量，降低工作强度，但是此种抄表模式会造成低压供、售电量的抄表不同期，会对台区的线损完成值造成较大的影响。

1.3.1 同期线损理论

同期线损是指供电量与售电量为相同统计周期下计算的损耗电量。由于受传统抄表手段限制，供、售电不能同步发行，导致线损率月度间剧烈波动，"大月大""小月小"的问题无法解决，掩盖了线损管理中存在的问题，降低了其在电网企业管理中本应发挥的监控、指导作用，因此，同期线损具有重要意义。

同期线损示意图如图 1-1 所示。

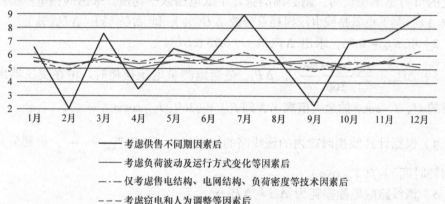

——— 考虑供售不同期因素后

——— 考虑负荷波动及运行方式变化等因素后

—·— 仅考虑售电结构、电网结构、负荷密度等技术因素后

——— 考虑窃电和人为调整等因素后

图 1-1　同期线损示意图

1. 供、售电量同期措施

一是对照售电量等效抄表日提前发行供电量，使供电量与售电量同周期统计。这种做法一定程度上可以减少不同期的影响，但由于各地区、各阶段售电量与结构都存在差异，难以统一具体确定公司供电量发行日，既难以保证供售电量完全匹配，也难以统一指导各基层单位实施执行。更重要的是，提前发行供电量与国家各类经济指标统计周期不一致，不符合国家统计管理要求，容易造成管理混乱。另外，由于发（供）电量涉及与电厂结算，调整供电量将直接影响电厂财务指标与数据报表，将引起电力和证券监管部门等对发电公司的监管问题和审计风险，调整发（供）电量的发行时间很难与电厂协调，难以落实。

二是售电量月末日发行，与发（供）电量同步。改变现有售电量分类定期轮抄模式，通过用电信息采集系统采集月末日电量，统一调整售电量为月末日发行。这种措施涉及所有的售电用户，影响面广，但主要造成内部业务流程的调整和变化，在智能电表和用电信息采集系统保障的情况下，具有较强的可行性。

2. 开展同期线损管理意义

1）线损指标归真，敏感反映生产管理问题；

2）有效指导电网规划建设，解决配电网薄弱问题；

3）促进专业协同，推进"三集五大"体系建设；

4）加强专业管理，提升精益化管理水平；

5）深化成本效益分析，有力支撑公司决策；

6）电量指标同步，客观反映经济用电情况。

在比对出同期线损管理的优越之后，建立整套同期线损计算模型就变得尤为重要。同期线损计算模型需要同时符合传统线损管理业务习惯并且满足同期线损新要求的需要，即计算过程不会导致原始业务管理项目进行增减，且应用信息化系统做到供、售电量同期统计。在完成模型建立后，更需要提出一整套针对同期线损率异常的分析思路与方法，以深入应用计算数据，提升管理水平，降损增效。

1.3.2　同期线损研究现状

随着智能电表的推广、用电信息系统的建设，使得数据的完整性和实时性较以前有了较大的提高，线损业务管理条件越来越完善。同时，各省（市）电力公司先后开始计量关口改造，建立集抄系统，完成了部分线损综合管理的功能，但多数存在功能单一，以统计为主，分析功能薄弱的问题，且各单位管理模式存在较大差异性。由于各单位仍处于独立摸索阶段，导致规范不统一，束缚了线损管理模式的进步。另外，我国目前10kV及以下配电网的线损多以管理线损占主导，由管理因素造成的线损波动的影响尤其突出，因此对电力企业而言，同期线损监测系统的建设具有较强的工程价值。国内各级电力公司及科研院所诸多学者在线损管理及计算等方面进行了大量的研究，并取得了一定的研究成果。

国内外的线损相关研究主要以理论线损计算、降损方法研究、线损系统开发等方向为重点展开，在近些年的文献中也可以逐步看到对同期线损的相关研究成果。

近年来也有许多新方法用于线损计算中，如"改进迭代法"是以一种全新的反映配电网结构特征的动态链——"节点双亲孩子兄弟链"为网络结构的基础，以"前推回代"潮流迭代算法为基础，适用于各种较为复杂的配电网（辐射状、网状或环状）线损理论计算的实用方法；采用粒子群优化支持向量回归机在提高线损计算精度的同时也提高了计算速度，但是该算法依赖于对参数的选取，实用性有待验证；遗传算法和神经网络结合用于线损计算，需要建立学习样本不断训练，容易陷入局部最优点，而且训练时间长，计算精度没有较大提高，神经网络算法本身也会产生过拟合的问题，因而通用性不强，在实际运用中也存在困难。

由于配电网线损计算存在人工误差，国内外研究了几种提高配电网网损计算精度的新方法，包括"动态潮流法""节点电压插值／拟合法""损耗功率插值／拟合法"，较好地解决了实际配电网运行时变性对电网损耗计算精度的影响，一定程度上，反映了实际系统状态（节点注入功率、损耗功率、潮流分布）的时变性，通过与常规网损算法在计算量、灵活性、计算精度等方面的分析和比较，说明提出算法的实用性和有效性。

随着综合信息管理系统（MIS）、配电管理系统（DMS）、能源管理系统（EMS）、数据采集与监视控制系统（SCADA）、配电地理信息系统（GIS）和电能量采集系统等智能电网技术的不断发展和广泛应用，这些设备的安装和使用使得实时配电网的理论线损计算可以实现，因此根据实际可能部分负荷点没有安装信息采集终端或虽安装但不能采集到数据的情况采用改进的基于方均根电流的前推回代法，适合于计算实时线损。根据自动化设备得到的数据，设计了电力系统线损综合分析系统，其基于 EMS 标准化公共信息模型（CIM）以及可缩放矢量图形（SVG），实现模型数据、图形读取和输出的标准化，线损管理专责人员在原先建模时所需的工作量将大大减少；其次，考虑了常规理论线损计算并结合 EMS 实时数据和电量采集系统中准实时电量数据，从多个角度对系统线损进行计算，可以将实时的理论计算线损结果和电量统计的线损结果进行在线对比；此外，还可以进一步分析线损结果，使线损分析人员能从多个维度对系统线损构成、产生原因、重损线路（设备、区域）、系统薄弱环节等方面进行分析，这将会提高线损的管理水平；以国家电网有限公司标准版报告模板为依据，进行实时理论线损计算、分析，计算结果能够根据要求进行分层、分区、分压自动汇总。

国外对配电网线损方面的研究起步较早，手段多样。早在 20 世纪 30 年代开始，国外学者对配电网线损计算和管理方法就展开了深入的研究，并建立了各种各样的数学模型，通过数学模型推演出了很多的理论线损计算方法和管理办法。在理论线损计算方面，Duane F.Marble 等人利用电网 GIS，通过系统模拟现场，提出了空间分析法的研究方法，用来计算电网的理论线损，这种计算方法在计算线损时，数据信息和参数信息更加详细，线损计算结果的准确度得到了大大提高；J.C.Antenucei 等人对 GIS 技术在电力系统方面的应用进行了扩展，构建了理论线损计算的 GIS 模型，并通过 GIS 对电网进行结构优化，在提高电网运行效率的同时，能够全面进行线损计算，是 GIS 在电力系统中的又一次高级应用。

国外在线损数据治理方面的算法主要对数据错误、冗余、无效、缺失等问题具有较为灵活强大的能力。在逐步优化算法的同时，国外致力于研究标准化数据，修改数据管理标准和规范，大大减少了数据计算量，提高了线损数据治理效率。线损数据正确计算后，通过数据挖掘算法分析线损波动和电量波动的关系，精确定位异常用户，开展线损的针对性治理。因为线损数据量庞大，所以必须采用大数据的挖掘算法。这方面常用的算法有词频 - 逆文档频率（TF-IDF）算法，其是一种用于信息检索与数据挖掘的常用加权技术。TF-IDF 是一种统计方法，TF-IDF 加权的各种形式常被搜索引擎应用，作为文件与用户查询之间相关程度的度量或评级。除了 TF-IDF 以外，互联网上的搜索引擎还会使用基于连接分析的评级方法，以确定文件在搜索结果中出现的顺序。该算法能运用到大型数据库中，而且使用简单、准确率高、速度快。

国内对数据治理相关的方法已经有很多，比如填补法等，但是针对线损数据治理的方法还有待研究。同样，国内对线损异常分类技术的研究很少，不过数据分类的方法却有一些，比如 Trees（决策树）算法。决策树对数据进行分类，以此达到预测的目的。决策树方法先根据训练集数据形成决策树，如果该树不能对所有对象给出正确的分类，那么需选择一些例外加入到训练集数据中，重复该过程一直到形成正确的决策集。决策树代表着决策集的树形结构。决策树由决策结点、分支和叶子组成。决策树中最上面的结点为根结点，每个分支是一个新的决策结点，或者是树的叶子，每个决策结点代表一个问题或决策，通常对应于待分类对象的属性，每一个叶子结点代表一种可能的分类结果。沿决策树从上到下遍历的过程中，在每个结点都会遇到一个测试，对每个结点上问题的不同的测试输出导致不同的分支，最后会到达一个叶子结点，这个过程就是利用决策树进行分类的过程，利用若干个变量来判断所属的类别。使用该方法可以更加准确地辨别异常数据，针对线损异常定位时，还应对该方法做出改进，以便应用在线损管理中。

2020 年，国家电网有限公司确定了"三型两网、世界一流"新战略目标，提出 2021 年年底建成泛在电力物联网，实现四分同期线损在线监测率 100% 的目标，同期线损管理系统将进入应用提升的新阶段。下一步，国家电网有限公司将充分利用物联网技术，深度挖掘智能电表数据价值，全面拓展数据应用，深化同期线损管理系统应用，推进电网高质量发展。

1.4 同期线损理论的优势及发展现状

1.4.1 同期线损理论的优势

1. 效率方面

通过同期线损管理系统建设应用，线损计算周期逐步缩短，线损指标发布由原有的按月统计改进为按日发布，管理维度向同期发布转变，计算用时大幅度减少，人员工作效率显著提升。

（1）计算周期由月度向日度转变，实现线损趋势检测

同期线损管理系统应用后，线损指标的计算周期由原先的月度统计改进为每日发布。计算周期的调整为异常线损分析提供了抓手，为监控线损波动提供了可能，为国家电网有限公司下属地市级公司电网异常提供了实时监测手段，为供电

公司各级单位开展降损增效工作提供了数据支持。

（2）计算用时由天向分钟转变，大幅度提高了计算效率

结合大数据平台的建设，应用大数据计算技术，线损指标的计算效率得到了大幅度的提升。原有各供电关口统计、售电数据录入的人工工作内容现均由系统自动完成，将线损管理人员从大量重复的数据统计工作中解放出来，将工作重心更多地转移到检测分析中。同期线损管理系统完成380～220kV的全电压等级的电量计算只需要4min。全量"四分"线损计算只需要20min，计算用时约为原先的1/80，计算效率实现了质的飞跃。

2. 效能方面

同期系统的全面推广运用，使得线损管理实验全天候、全透明、全覆盖，使得电网数据准确性进一步提高，促进各部门协同，多专业融合，国家电网有限公司下属地市级公司精益化管理水平稳步提升。

（1）管理维度由统计向同期发布转变，平滑线损异常波动

实现供售电量月末同期统计，线损曲线平滑，"大正大负"现象消失，从以往历年各月统计线损完成情况来看，各级电网呈现比较明显的季节特点，特别是受气候因素影响（温度、湿度、极端天气持续时间等）及节假日影响较大，月度线损波动幅度明显。

（2）支持各专业数据分析，实现各专业管理融合

同期线损管理系统的建设和应用为营销反窃电工作提供了数据支持，为国家电网有限公司下属地市级公司反窃电工作增加了抓手和切入点，解决了反窃电定位难、取证难的问题。以线损率异常的问题为导向，充分利用异常分析及波动检测，辅助定位窃电问题，为智能化、常态化开展高效精准的反窃电工作提供了技术支持，通过实现多专业的管理，为电网的经济运行提供了科学依据。

（3）促进电网减排，服务社会科学发展

同期线损管理系统通过汇集各类、各行业用户的电量信息，首次通过数据对电网的整体网架进行全面、综合、深入的分析，线损管理从原有的分区、分压统计线损转变为现在的四分同期线损（分区、分压、分线、分台区），管理的颗粒度不断细化，管理水平不断提升，10kV配电网的线损首次清晰地以数据的形式展示出来，为电网规划和经济社会指标关系提供更直观的参考依据，为政府在宏观经济决策、经济结构调整和节能减排效果方面提供第一手资料，助力社会科学发展。

1.4.2 同期线损管理系统的应用

通过同期线损管理系统对电网各设备电量及线损情况的全覆盖的实时监控，依照线损"四分"管理原则，同期线损管理系统能够准确、及时、全面地反映线损情况。

1）实时线损监控：实时监控设备电量变化情况，自动计算线损情况。拟合

自定义时间段内显示变化曲线,实时掌握设备线损异常波动情况。

2)重点单元监控:对区域电网内重点变电站分压、220kV分线、重要元件及重大用户关口表计进行重点监控,能够提供更为精准的线损数据。

3)线损指标分析:对于线损分区、分压、分线、分台区等线损指标进行全方位、多角度的系统分析,掌握电网线损各层面现状,有效把控线损指标的发展趋势,遏制相关线损指标异常情况。

4)线损差异分析:通过同期线损和理论线损、统计线损的差异,分析线损差异的具体原因,定位差异特征,为有目的地实现技术及管理降损,提供有利的数据支持。

5)线损异常诊断及故障定位:针对线损异常结果,诊断分析异常原因。通过电量及线损曲线定位线损异常的具体设备及用户。然后从档案、电源关系、网络负荷、设备运行状态和容量等各方面因素进行排查、判断并定位异常线损产生的主要原因,通过人为消除线损异常原因,达到降损目的。

1.4.3 同期线损管理系统的发展现状

自2017年二季度起,国家电网有限公司狠抓线损基础数据质量,持续开展源端数据治理,有效地推进同期线损管理系统建设及应用工作。截至2018年4月30日,通过监测指标显示,国家电网有限公司下属大多数地市级公司的同期"四分"线损达标率较上年均有明显提高。

同期线损管理系统以"营配调贯通数据治理"为抓手,多方位、多角度推进营配调关系准确性、完整性,抓住同期线损管理系统建设契机,真实掌握各层级、各环节、各元件的线损情况,制定有效降损措施,挖掘降损潜力,进一步解决电网高损问题。通过狠抓线损基础数据质量,持续开展源端数据治理,通过3大专业、5大系统、3大平台的数据集成,强化信息手段,实现基础档案自动集成、电量源头采集、线损自动生成、指标全过程监控等,有效推进了同期线损管理系统建设及应用工作。组织相关人员多次深入各基层单位,详细了解线变关系等排查情况、人员责任落实及下一步计划。依据网格化管理模式,结合营配末端融合工作,落实各层级管理人员职责,从公专变线变关系、倍率、计量采集装置接线、用采数据采集成功率、关口数据补录上下手,由易到难,从线路到关口逐步核查整改存在的问题;积极与同期线损管理系统项目组沟通,重点解决空载、轻载线路处理方式。与此同时,狠抓管理降损,利用同期系统监测分析功能,结合高损配电网线路和台区治理工作,持续开展反窃电工作。

1.4.4 同期线损管理发展中的问题讨论

线损率指标综合反映电网运行中各环节的损耗,集中体现生产、调度、营销等各项核心业务的管理水平,国家电网有限公司新时期同期线损管理综合反映了电网的基础设备管理、智能电表覆盖情况、采集成功情况以及各个业务系统之间的贯通情况。2020年，为了贯彻落实国家电网有限公司关于提质增效的总体部署要求，进一步加强了同期线损精益化管理，夯实基础数据、系统功能、技术赋能、价值挖掘等方面工作，提出了同期线损"四新"管理工作思路。

"四新"管理工作思路，即丰富降损联动新机制，通过强化高负损治理、制订降损工作细则、营造全员降损氛围，打一套高效联动的线损管理"组合拳"，提升源端数据质量，确保综合线损稳步下降；完善系统应用新功能，实现理论线损应用落地，精准支撑技术降损和管理降损，优化电网运行方式，提高设备经济运行水平，减少"跑冒滴漏"，稳步提高同期线损监测率；创建数据驱动新模式，创新智能化、网络化、移动化线损管理模式，实现基层减负和末端融合高效统一，大幅提升专业协同和数据治理效率，确保基础数据全面归实归真；培育价值挖掘新产品，深化同期线损大数据应用与价值挖掘，对内服务公司挖潜增效、稳健经营，对外服务政府精准决策。

现如今的同期线损管理系统可以通过系统智能研判实现异常工单自动推送，为线损治理提供大数据支撑。然而，在大数据背景下同期线损管理发展同样存在着一些不足，具体分析如下。

1. 同期线损管理系统的预测精度不够

电力企业对电力系统的线损进行实时预测，掌握电网运行中线损构成，推理出存在缺陷的环节，可以快速地对线损违反正常规律的地方进行检查改进。研究线损规律对电力系统的运行、维护、效益等具有重要意义。虽然针对配电网线损已经有了大量的研究，但是很少有人对配电网线损进行预测，并研发一整套预测系统，用于实时检测配电网线损值，及时针对薄弱环节进行整改，从而达到提升电力系统运行经济效益的目的。若同期线损管理系统对配电网线损的预测精度不够，则会给运维人员的预测工作带来不便，影响各部门对电网的监控以及对降损策略的决策。

2. 未充分使用历史数据，导致未能准确定位异常关联用户

近年来，随着大数据与人工智能技术快速发展及深入应用，电网企业不断探索线损率异常定位用户的自动研判业务，以进一步提升在电网规划、负荷控制及需求侧管理等方面的科学决策水平。在同期管理模式下，引起线损异常的成因较为复杂，导致线损异常查找相对困难且费时。目前我国难以实现对用电量的实时监测，导致不能及时发现存在异常线损的环节，难以提升电网的经济性管理水平，使得同期线损的线损率异常智能辨识和关联用户定位没有有效地实现。

第2章

同期线损管理系统及实用功能

2.1 同期线损管理系统简介

充分利用各专业系统,开发公司级同期线损管理系统,以加强基础管理、支撑专业分析、满足高级应用、实现智能决策为功能主线,实现电量源头采集、线损自动生成、指标全过程监控、业务全方位贯通协同,实现电量与线损管理标准化、智能化、精益化和自动化,有力支撑公司坚强智能电网、现代配电网建设。

通过集成各部门的生产管理系统、营销业务应用系统、用电信息采集系统、电能采集系统、SCADA(数据采集与监视控制)系统、GIS(地理信息系统)等专业系统,建立系统完整的电量与线损数据库,实现对设备台账信息、拓扑关系数据、电量数据、电能质量信息的全面归集,为公司总部、省级、地市、县公司、供电所等各级单位提供关口管理、电量管理、线损管理、智能监测和降损辅助决策业务,与调度、运检、营销相关业务融合互动,实现线损全过程闭环管理。

该系统可实现当前登录用户单位的变电站、关口等电力设备在地图中的展示功能,如图 2-1 所示。

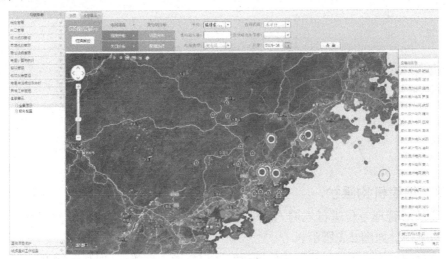

图 2-1 全景展示

页面数据从运检部门的 GIS 接入数据，选择对应的设备，可在地图中进行位置展示，点击页面右边名称，可以定位到具体的位置，同时进入设备详情页面，可以查看设备的具体信息等。

2.2 同期线损管理系统参数设置

2.2.1 基础信息维护

实现文件共享、线损问题反馈与解决、组织机构维护、数据交换记录等系统基本支持功能的维护。

2.2.2 线损问题反馈与解决

针对业务或系统提出问题并获得反馈回应的系统功能。进入基础信息维护，可进入线损问题反馈与解决，如图 2-2 所示。

可进行"新建""激活""导出"操作。

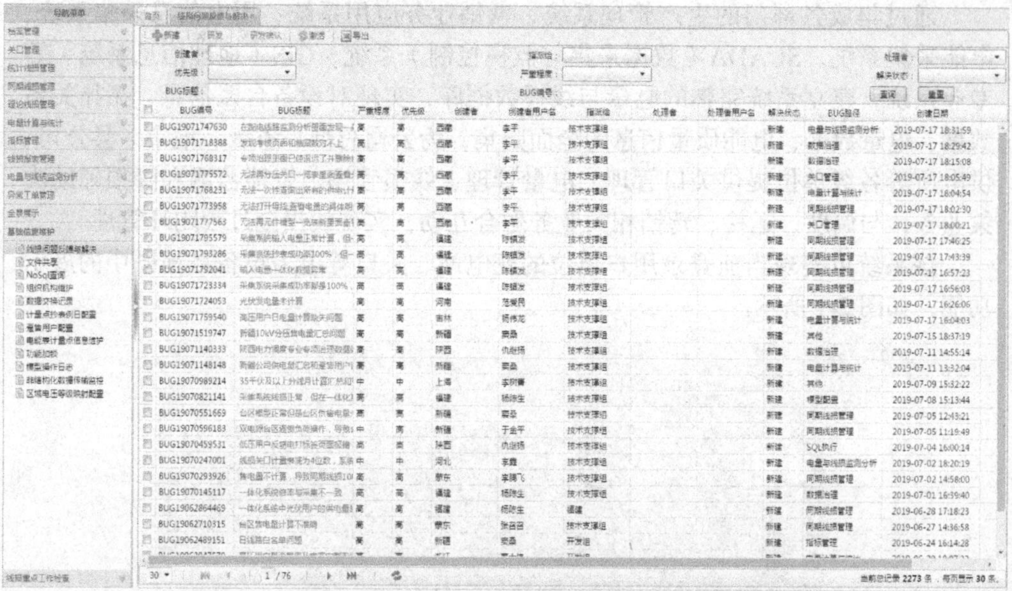

图 2-2　线损问题反馈与解决

2.2.3 组织机构维护

实现对管理单位进行农网 / 城网的维护功能。进入基础信息维护，可进入组织机构维护，如图 2-3 所示。

选择农网 / 城网可对管理单位进行农网或城网的配置，"保存"即可。

图 2-3　组织机构维护

2.2.4　计量点抄表例日配置

实现对计量点抄表例日的维护更新功能。进入基础信息维护，可进入计量点抄表例日配置，如图 2-4 所示。

图 2-4　计量点抄表例日配置

可在该页面进行分界日期、统计结算日、同期结算日等的更新操作。

2.2.5　其他功能

还可实现系统业务文件的共享，省级结构化数据对总部数据库的上传，区域电压等级映射配置，对非结构化数据上传的监控，分区、分压关口以及母线、输电线路、配电线路模型等操作的监控，对趸售用户的新增删除，对电能量计量点关系表的删除，系统对 HBASE 中 HIGH 表、LOW 表、LOWPOWER 表、MARKS 表数据的查询，在该页面对不需要的菜单进行"加锁"隐藏菜单等功能。

2.3　同期线损管理系统曲线报表管理

2.3.1　统计线损管理

查询区域线损信息进入统计线损管理，即可进入分区域线损查询、统计线损管理和分区线损计算配置等部分。

例如，进入分区域线损查询，如图 2-5 所示。

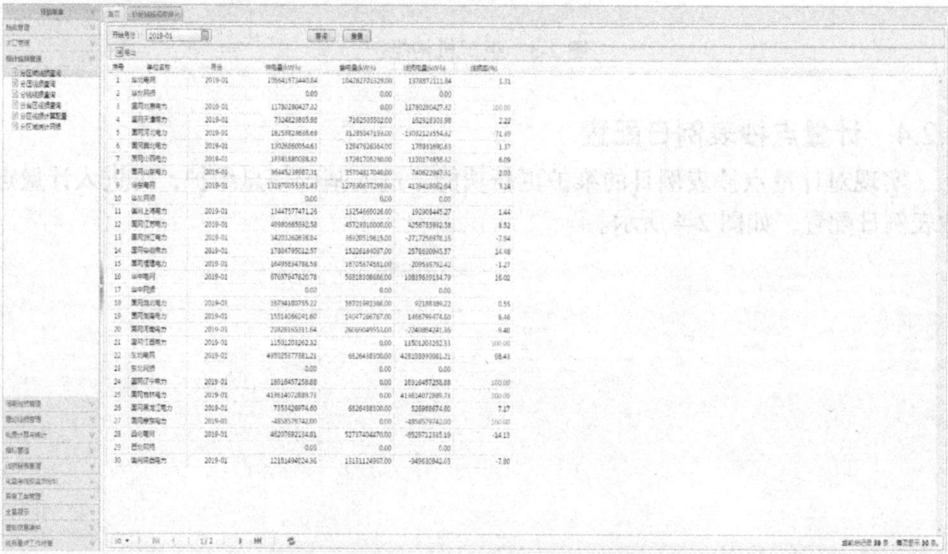

图 2-5　分区域线损查询

2.3.2　同期线损管理

主要是针对同期线损情况的计算、统计、查询等功能集合，对同期线损的统一管理。其中可查询按区域统计的同期月线损信息、区域月网损信息、区域网损同期元件月线损、输电线路线损、母线输入输出电量，以及不平衡电量、不平衡率信息、营销 400V 分压线损信息、游离关口平衡率、分区线损修正等信息。例如，查询按区域统计的同期月线损信息。进入同期线损管理，可进入同期月线损，再进入区域同期月线损，如图 2-6 所示。

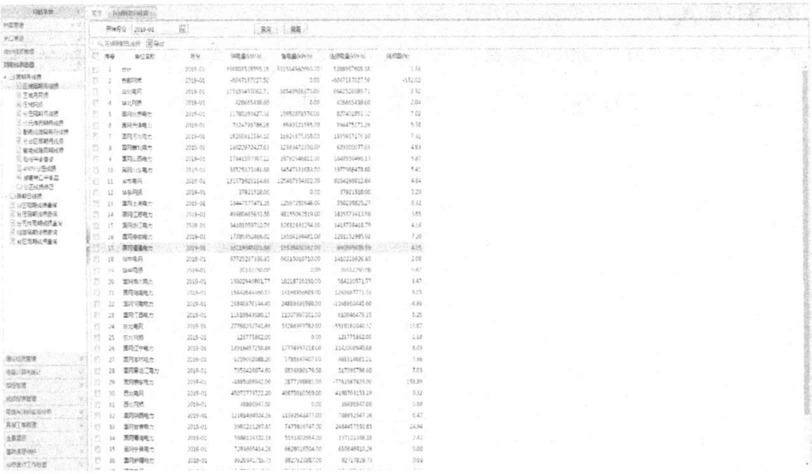

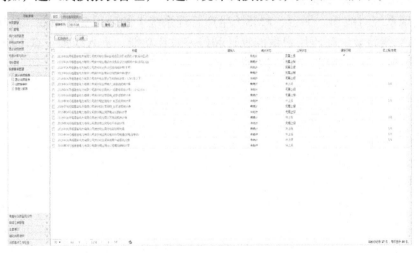

图 2-6　区域同期月线损

2.3.3　线损报表管理

对总部、省、市、县等不同层级单位提供汇总统计、上报、导出打印等功能，并能根据年月和上报状态进行明细查询。在其中可实现线损报表管理、理论线损报表管理、自定义报表、关键人员配置和异常原因配置等功能。

例如，进入线损报表管理，可进入统计线损报表，如图 2-7 所示。

图 2-7　统计线损报表

2.4　同期线损管理系统考核管理

可实现档案接入、数据一致性核查、档案异常统计、白名单管理、年度系统建设评价表、监控型指标等线损重点工作检查情况汇总等功能。

2.4.1　档案接入

主要是对省公司和大型供电单位变电站、线路、高压用户、配变等档案的统计。进入线损重点工作检查，可进入档案接入，如图 2-8 所示。

图 2-8　档案接入

2.4.2　数据一致性核查

实现系统对线损、平台、PMS（生产管理系统）的公用变电站数、公用配变数、10kV 线路数、高压用户数的统计和偏差对比功能。进入线损重点工作检查，可进入数据一致性核查，如图 2-9 所示。

图 2-9　数据一致性核查

2.4.3　档案异常统计

实现对省公司和大型供电单位的异常档案的统计和明细展示功能。进入线损重点工作检查，可进入档案异常统计，如图 2-10 所示。

图 2-10　档案异常统计

2.4.4　白名单管理

实现对线路白名单的管理、对母线平衡白名单的管理、对台区白名单的管理、对数据一致性白名单的查看审核等管理、对游离关口白名单的管理、对日供电量白名单的管理、对日线路白名单的管理、对日台区白名单的管理等功能。

例如，实现对线路白名单的管理功能。进入线损重点工作检查，再进入白名单管理，进入分线白名单，界面如图 2-11 所示。

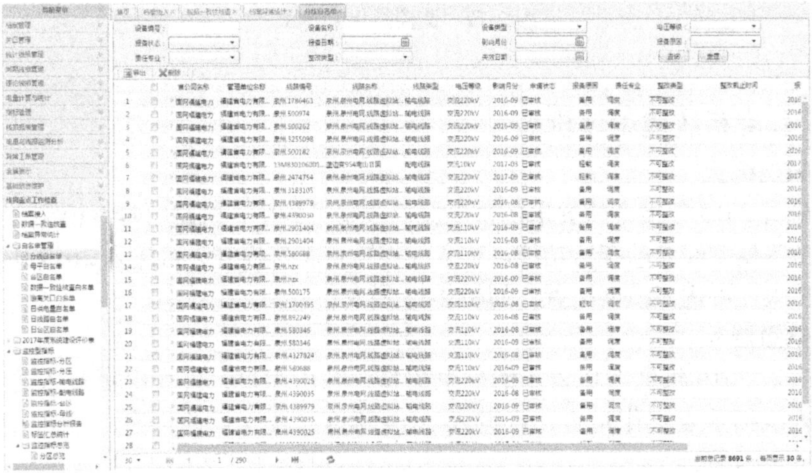

图 2-11　分线白名单

2.4.5 监控型指标

实现对分区关口指标的分析汇总统计，对分压关口指标的分析汇总统计，对输电线路指标的分析汇总统计，对配电线路指标的分析汇总统计，对台区指标的分析汇总统计，对母线指标的分析汇总统计，对监控指标省级下级单位具体指标图形化排名展示，对单位同期售电量、办公用电、站用电的电量、个数等的统计以及与同期售电量占比率等的统计，对电力设备标签的汇总统计，对分区、分压、输电线路、配电线路、台区、母线监控型指标图形化显示等功能。

例如，为实现对分区关口指标的分析汇总统计功能。先进入线损重点工作检查，再进入监控型指标，进入监控指标 - 分区，如图 2-12 所示。

图 2-12　监控指标 - 分区

2.4.6 年度系统建设评价表

1. 模型配置

实现对 2019 年度考核要求的供电关口模型平衡率，线路、母线模型计量点方向一致率等模型配置的统计功能。进入线损重点工作检查，可进入 2019 年度系统建设评价表，可进入模型配置，如图 2-13 所示。

2. 电量接入

实现对 2019 年度考核要求的供电关口、高压用户、公变电量接入的统计功能。进入线损重点工作检查，可进入 2019 年度系统建设评价表，可进入电量接入，如图 2-14 所示。

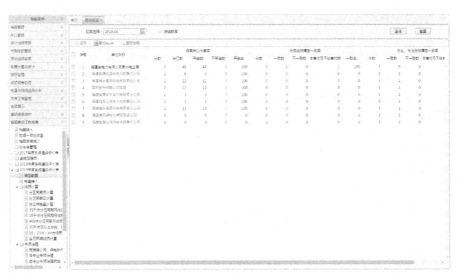

图 2-13　模型配置

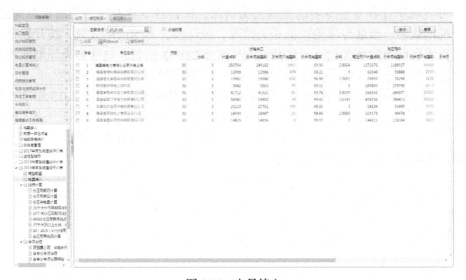

图 2-14　电量接入

3. 线损计算

可计算台区同期月线损率，台区同期日线损率，台区供电量，35kV 分压同期月线损率，10kV 分压同期月线损率，400V 分压同期月线损率，35kV 及以上分线、站内母平线损率，10（20/6）kV 分线同期线损率，台区同期线损率等信息。

以 2018 年度的数据为例，计算台区同期月线损率信息。进入线损重点工作检查，进入 2019 年度系统建设评价表，再进入线损计算，最后进入分区同期月计算，如图 2-15 所示。

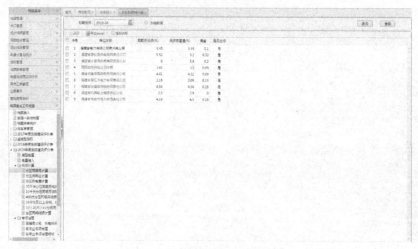

图 2-15　分区同期月计算

4. 专项治理

可实现统计各专业专项治理的相关情况，统计各专业专项治理的详细情况，统计配电线路、台区专项治理的相关情况，统计各公司的成果成效，统计供电量的增长系数配置的相关信息，监测同期线损率的相关信息，监测各周同期线损率的相关信息，统计各公司线损率的问题，对于高损及负损的统计等功能。

以 2019 年度部分数据为例，进入线损重点工作检查，可进入 2019 年度系统建设评价表，进入专项治理。为统计百强县公司、供电所的相关信息，进入线损重点工作检查，再进入 2019 年度系统建设评价表，可进入专项治理，进入百强县公司、供电所评选，如图 2-16 所示。

图 2-16　百强县公司、供电所评选

高损及负损统计的台区如图 2-17 所示。

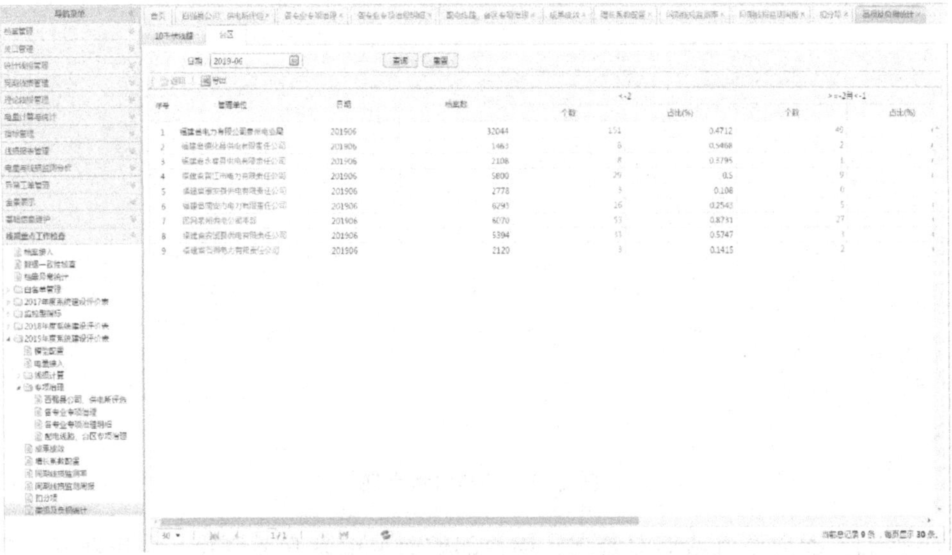

图 2-17　高损及负损统计的台区

2.5　同期线损管理系统的实用功能

2.5.1　电量计算与统计

进入电量计算与统计，可进入电量明细查询，可查询关口电量信息、分布式电源电量信息、供电计量点电量信息、高低压用户的发行电量信息、高压用户同期电量信息、低压用户同期电量信息、电厂电量信息、供电计量点换表记录信息、分区发行电量信息、分压发行电量信息、高压用户及台区的换表记录信息、站用电信息。

例如，查询关口电量信息。进入电量计算与统计，可进入电量明细查询，再进入关口电量查询，如图 2-18 所示。

2.5.2　档案管理

档案管理主要是对从调度、运检、营销三个系统抽取到的变电站、线路、台区、专变用户、低压用户等基础档案信息数据进行分级查询、统计与关系勾稽管理的功能模块，为模型配置及线损计算提供所需的供（发）电、输变电、配电、用电档案及拓扑数据。本模块有变电站、线路、变压器、台区、高压用户、低压用户、电厂、分布式电源等。

图 2-18　关口电量查询

例如，查询变电站档案管理，用户能够对变电站开关位置、变压器开关位置、母线开关位置、开关与计量点关系、计量点关系和采集测点的关系进行勾稽，并保存设置好的开关与负荷测点、计量点、采集测点的关系。进入档案管理后，可进入变电站档案管理，如图 2-19 和图 2-20 所示。

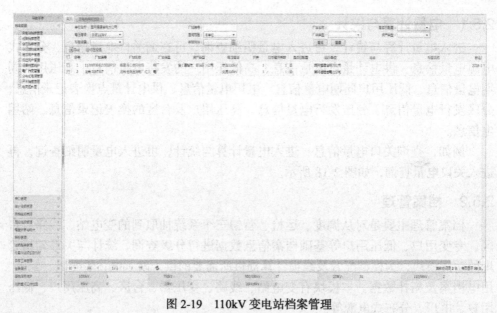

图 2-19　110kV 变电站档案管理

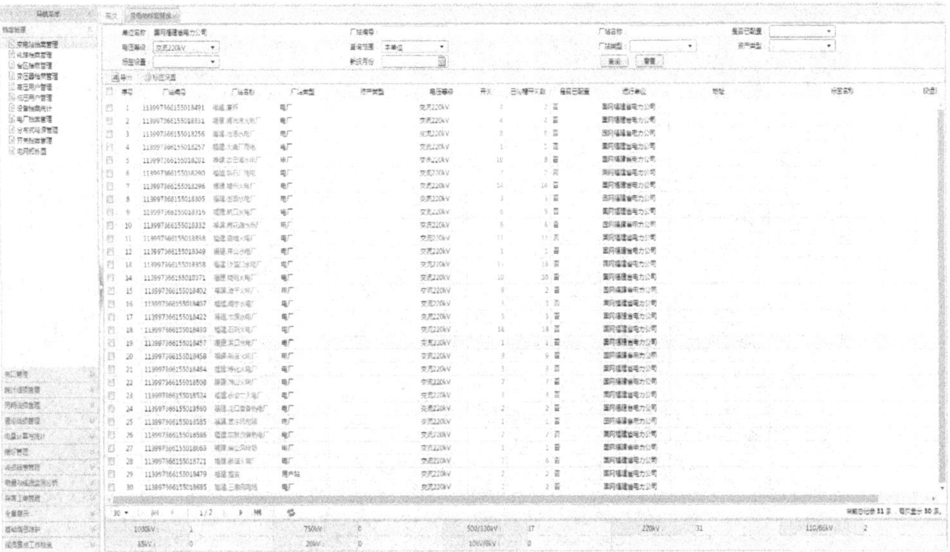

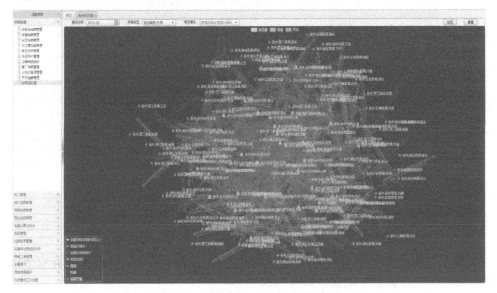

图 2-20　220kV 变电站档案管理

　　填写相应条件点击"查询"，对相应变电站信息进行查询；点击变电站名，还可以显示明细信息。

　　而电网拓扑图是针对单位所管理的异常信息进行图形展示。选择"管理单位""查询日期""异常类型"等信息，点击 [绘图] 按钮可以绘制异常信息。进入档案管理，可进入电网拓扑图，如图 2-21 ～图 2-23 所示。

图 2-21　电网拓扑——母线高损或负损

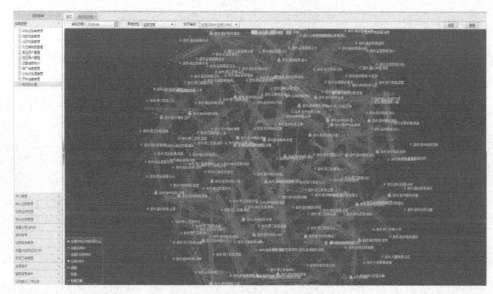

图 2-22　电网拓扑——轻载空载

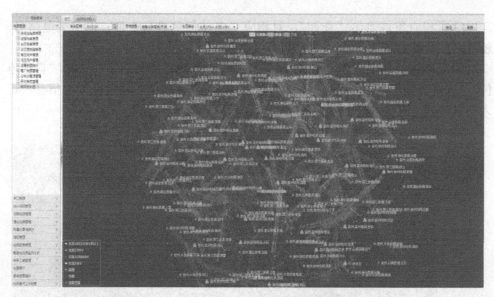

图 2-23　电网拓扑——输电线路高损或负损

1. 计算服务配置

（1）日计算服务配置

新建、删除和查询日计算任务。进入电量计算与统计，可进入计算服务配置，可进入日计算服务配置，如图 2-24 所示。

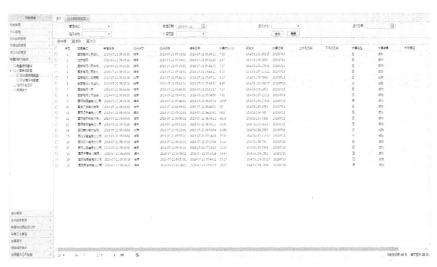

图 2-24　日计算服务配置

（2）月计算服务配置

新建、删除和查询月计算任务。进入电量计算与统计，可进入计算服务配置，可进入月计算服务配置。

2. 线损综合查询

在该模块下可查询输电线路线损、电量，变电站线损、电量，主变线损、电量，母线的线损、电量等信息。

例如，查询输电线路线损、电量等信息，先进入电量计算与统计，再进入线损综合查询，进入输电线路查询，如图 2-25 所示。

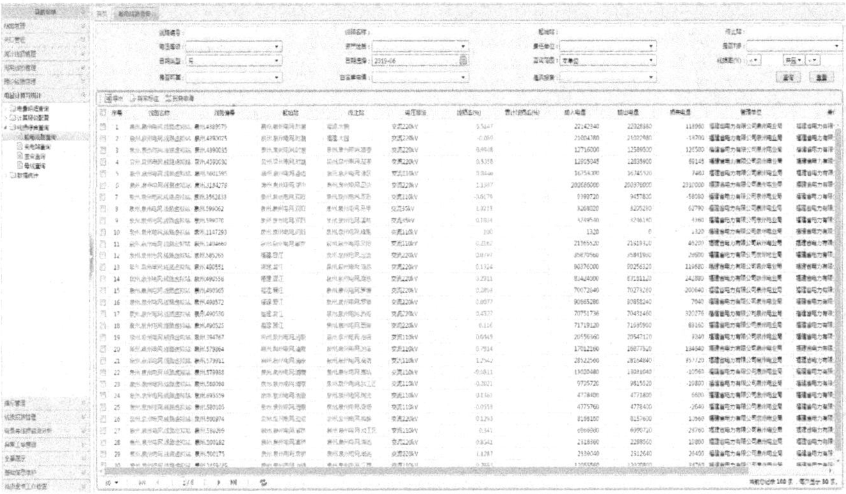

图 2-25　输电线路查询

3. 数据统计

（1）日表底完整率统计

统计日表底完整率。进入电量计算与统计，可进入线损综合查询，可进入日表底完整率统计，如图 2-26 所示。

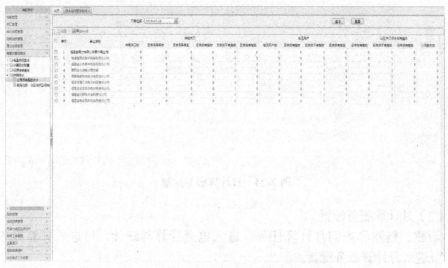

图 2-26　日表底完整率统计

（2）配电线路、台区线损区间统计

统计配电线路、台区线损区间。进入电量计算与统计，可进入数据统计，可进入配电线路、台区线损区间统计，如图 2-27 所示。

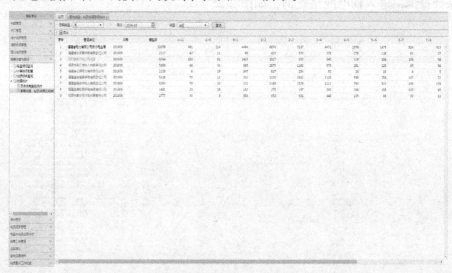

图 2-27　配电线路、台区线损区间统计

2.5.3　反窃电成效

1. 高压用户反窃电

记录在高压用户中反窃电案例的相关成果。进入线损重点工作检查，可进入监控型指标，可进入高压用户反窃电。

2. 低压用户反窃电

记录在低压用户中反窃电案例的相关成果。进入线损重点工作检查，可进入监控型指标，可进入低压用户反窃电，如图 2-28 所示。

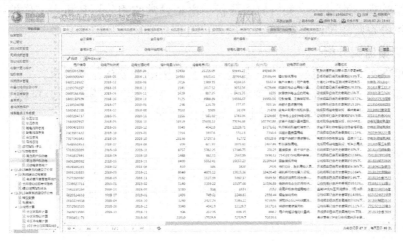

图 2-28　低压用户反窃电

3. 反窃电信息统计

对于反窃电案例的相关信息的统计。进入线损重点工作检查，可进入监控型指标，可进入反窃电信息统计，如图 2-29 所示。

图 2-29　反窃电信息统计（高压用户反窃电为 0）

2.5.4　电量与线损监测分析

主要针对每月售电量、线损、配电线路、台区进行监测分析。能够对当前关口电量缺失、为零、突变数据进行预告警显示，实现对每日及每月的分区、分压、分元件、分线、分台区线损进行监测；能够对当前超过阈值的线损率给予预告警提示；实现对省公司、各地市公司、县公司电量、线损异常信息进行定性分析，判断异常原因，将异常原因通过工单的形式推送给相关部门进行整改。

电量与线损监测分析包括线损监测分析、配电线路监测分析、台区监测分析、数据治理监测分析、关口异常分析、电量异常监测分析和重点工作检查看板、重点工作检查监测等内容。

1.电量监测分析

此模块可对关口电量、站口电量、行业月用电量进行监测分析。

例如，对关口电量进行监测分析。进入电量与线损监测分析，可进入电量监测分析，再进入关口电量监测分析，如图 2-30 所示。

图 2-30　关口电量监测分析

2.线损监测分析

对当前登录人所属单位及其下级单位的线损、配电线路、台区等信息进行统计，并按要求展示。

例如，对信息进行监测分析。进入电量与线损监测分析，再进入线损监测分析，如图 2-31 所示。

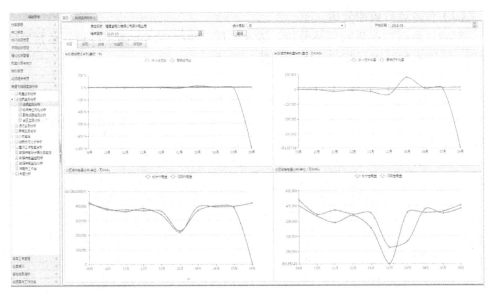

图 2-31　线损监测分析

3.运行监测分析

（1）线路运行监测分析

对线路运行情况进行监测分析。进入电量与线损监测分析，可进入运行监测
分析，再进入线路运行监测分析，如图 2-32 所示。

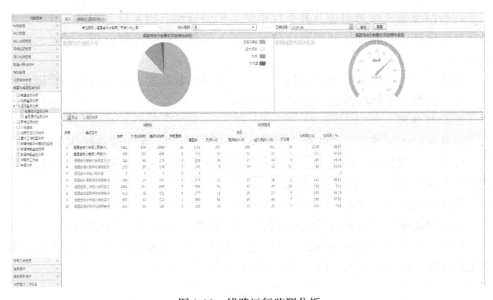

图 2-32　线路运行监测分析

（2）台区运行监测分析

对台区运行情况进行监测分析。进入电量与线损监测分析，可进入运行监测分析，再进入台区运行监测分析，如图 2-33 所示。

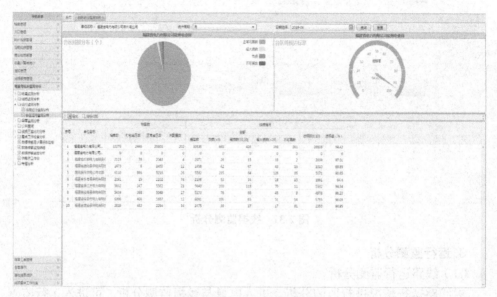

图 2-33　台区运行监测分析

4.异常监测分析

对当前登录人所属单位及其下级单位的模型异动、档案异常、采集异常、关口异常等信息进行统计，并按要求展示。进入电量与线损监测分析，可进入异常监测分析。

例如，进行模型异动监测分析，点击模型异动数量进入［模型异动管理］页面，可以查看模型异动明细，如图 2-34 所示。

5.公共查询

在此功能中可查询输电线路、变电站、主变、母线、配电线路的信息。

例如，查询输电线路信息。进入电量与线损监测分析，可进入公共查询，再进入输电线路查询，如图 2-35 所示。

6.线损三率比对分析

在此功能中可比对并分析区域线损三率、线路线损三率、台区线损三率。

例如，比对并分析区域线损三率。进入电量与线损监测分析，可进入线损三率比对分析，再进入区域线损三率比对分析，如图 2-36 所示。

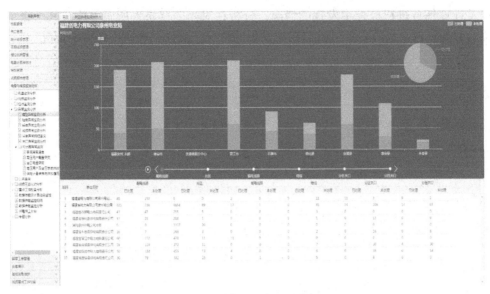

图 2-34　模型异动监测分析

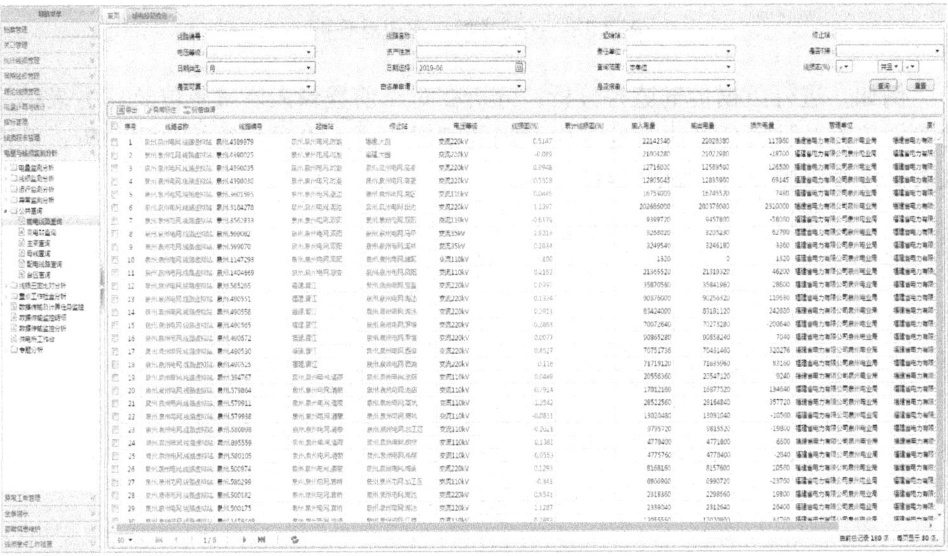

图 2-35　输电线路查询

7. 其他功能

该模块下还可统计并检查重点工作，对当前登录人所属单位及其下级单位的数据传输及计算任务进行监控，查看当前登录人所属单位及其下级单位的数据传输及计算任务的详细情况，分析在对当前登录人所属单位及其下级单位的数据传输及计算任务进行监控中发现的情况，分析在对当前登录人所属单位及其下级单位的数据传输及计算任务进行监控中发现的情况，统计供电所工作台的情况。

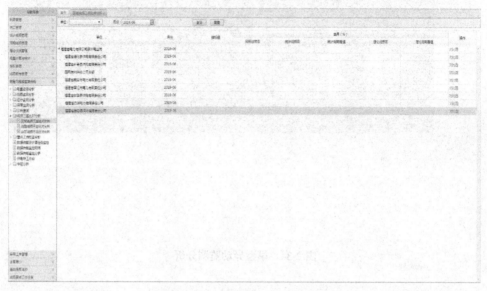

图 2-36　区域线损三率比对分析

　　例如，进行数据传输监控分析，分析在对当前登录人所属单位及其下级单位的数据传输及计算任务进行监控中发现的情况。进入电量与线损监测分析，可进入数据传输监控分析，如图 2-37 所示。

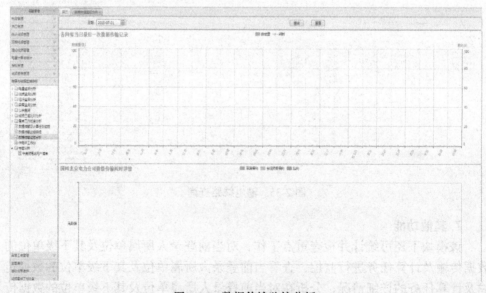

图 2-37　数据传输监控分析

第3章

同期线损售电量精准预测及
影响因素相关性分析

线损率作为衡量电网企业生产经营技术经济性的重要指标，综合反映了电网企业规划设计、调度、运维和营销等各项核心业务的管理水平。为了进一步提升电网企业生产经营管理效率和效益，需要对线损的精益化管理提出更高的要求。

同期线损计算融合了电网公司 PMS（生产管理系统）、GIS（地理信息系统）、SG186 系统、用采系统等主要系统的海量多源异构数据，数据覆盖面广、业务环节多、构成因素复杂，经过多年的探索挖掘，传统方法已较为成熟，但难以适应更为精细化的线损管理和分析。为了进一步提高线损的精益化管理水平，有必要积极尝试开拓新思路、增加新数据、采用新技术、尝试新方法。本章在同期线损计算既有数据的基础之上，聚焦同期线损分析和管理中的两大关键难题：①售电量精准预测问题；②线损影响因素的关联性问题，通过对线损的结构、关系、趋势等进行多维度的分析研究，从而实现对售电量预测、线损影响因素、线损未来态势、差异原因等方面进行更加深入的动态、量化分析，为进一步深化线损体系认知、优化线损管理措施、提高线损精细化管理水平提供有力的支撑。

3.1 售电量预测模型

预测模型采用 A 地区 1000 个高压用户在 2017 年 1 月 20 日至 2018 年 9 月 20 日间的共计 54 万条日电量数据进行预测。2017 年 1 月 20 日至 2018 年 9 月 20 日日售电量值折线图如图 3-1 所示。

通过对各地区 2017 年 1 月 20 日至 2018 年 9 月 20 日日售电量值的可视化展示，可发现：①各日售电量整体波动较大，可以考虑灰色预测模型、时间序列模型进行预测；②月售电量每年同月份的增量的差异性不大，因此基于此规律可以由上一年度的同期月份增量作为该年同期的增量变化的依据。

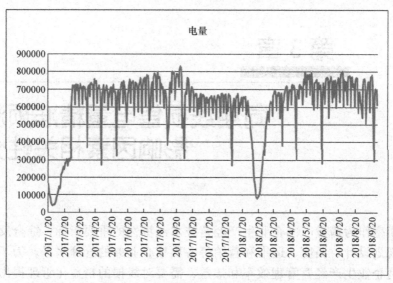

图 3-1 2017 年 1 月 20 日至 2018 年 9 月 20 日日售电量值折线图

3.1.1 电量预测模型算法选择

模型可能选择的相关算法如下：

1.灰色预测算法

灰色预测能有效地用于电力负荷预测，对负荷历史数据数列通过弱化随机性、强化规律性求得生成数列，再利用生成数列建模进行预测。灰色模型（Gray Mode，GM）的建模过程不同于一般建模过程，一般建模是采用数据列建立微分方程，GM 是采用历史数据列生成后建立的微分方程模型。通常所使用的灰色预测模型为 GM（1，1）模型。

设 非 负 原 始 序 列 为 $X^{(0)} = \left\{x^{(0)}(1), x^{(0)}(2), \cdots, x^{(0)}(n)\right\}$，对 $X^{(0)}$ 作一 次 累 加 得 到 $x^{(1)}(k) = \sum\limits_{i=1}^{k} x^{(0)}(i)$，$k = 1$，2，$\cdots$，$n$，得 到 生 成 数 列 为 $X^{(1)} = \left\{x^{(1)}(1), x^{(1)}(2), \cdots, x^{(1)}(n)\right\}$，于是 $x^{(0)}(k)$ 的 GM（1，1）白化微分方程为

$$\frac{\mathrm{d}x^{(1)}}{\mathrm{d}t} + ax^{(1)} = u \tag{3-1}$$

式中，a、u 为待定参数。将式（3-1）离散化，即得

$$\Delta^{(1)}\left(x^{(1)}(k+1)\right) + az^{(1)}\left(x(k+1)\right) = u \tag{3-2}$$

式中，$\Delta^{(1)}\left(x^{(1)}(k+1)\right)$ 为 $x^{(1)}$ 在（$k+1$）时刻的累减生成序列，用矩阵表达可写成

$$\begin{bmatrix} x^{(0)}(2) \\ x^{(0)}(3) \\ \vdots \\ x^{(0)}(n) \end{bmatrix} = \begin{bmatrix} -\dfrac{1}{2}\left(x^{(1)}(1) + x^{(1)}(2)\right) & 1 \\ -\dfrac{1}{2}\left(x^{(1)}(2) + x^{(1)}(3)\right) & 1 \\ \vdots & \vdots \\ -\dfrac{1}{2}\left(x^{(1)}(n-1) + x^{(1)}(n)\right) & 1 \end{bmatrix} \begin{bmatrix} a \\ u \end{bmatrix} \tag{3-3}$$

令 $\boldsymbol{Y} = \begin{bmatrix} x^{(0)}(2) \\ x^{(0)}(3) \\ \vdots \\ x^{(0)}(n) \end{bmatrix}$, $\boldsymbol{B} = \begin{bmatrix} -\dfrac{1}{2}\left(x^{(1)}(1) + x^{(1)}(2)\right) & 1 \\ -\dfrac{1}{2}\left(x^{(1)}(2) + x^{(1)}(3)\right) & 1 \\ \vdots & \vdots \\ -\dfrac{1}{2}\left(x^{(1)}(n-1) + x^{(1)}(n)\right) & 1 \end{bmatrix}$, $\boldsymbol{\Phi} = \begin{bmatrix} a \\ u \end{bmatrix}$ 为待辨识参数向量。

参数向量 $\boldsymbol{\Phi}$ 可用最小二乘法求取，即

$$\hat{\boldsymbol{\Phi}} = \left[\hat{a}, \hat{u}\right]^{\mathrm{T}} = \left(\boldsymbol{B}^{\mathrm{T}}\boldsymbol{B}\right)^{-1}\boldsymbol{B}^{\mathrm{T}}\boldsymbol{Y} \tag{3-4}$$

把求取的参数带入式（3-2）中，并求出其离散解为

$$\hat{x}^{(1)}(k+1) = \left[x^{(1)}(1) - \frac{\hat{u}}{\hat{a}}\right]\mathrm{e}^{-\hat{a}k} + \frac{\hat{u}}{\hat{a}} \tag{3-5}$$

还原到原始数据得到

$$\hat{x}^{(0)}(k+1) = \hat{x}^{(1)}(k+1) - \hat{x}^{(1)}(k) = \left(1 - \mathrm{e}^{\hat{a}}\right)\left[x^{(1)}(1) - \frac{\hat{u}}{\hat{a}}\right]\mathrm{e}^{-\hat{a}k} \tag{3-6}$$

式（3-5）和式（3-6）称为 GM（1，1）模型的时间相应函数模型，它是 GM（1，1）模型灰色预测的具体计算公式。

2. 时间序列算法

时间序列算法是基于历史的负荷数据来寻找负荷随时间变化的规律，通过构建时间序列模型来推断未来负荷数值，假定条件为：过去的负荷变化规律会持续到未来。在该预测法中，因变量（预测目标）和自变量均可以是随机变量。时间序列法在电网运行正常、气候等因素变化不大时预测效果较好，但在随机性因素变化较大或存在坏数据的情况下，预测结果不太理想。它主要用于短期负荷预测。在时间序列法中广泛使用的模型有 AR（自回归）模型、MA（移动平均）模型、ARMA（自回归移动平均）模型等。

（1）AR（p）（p 阶自回归）模型

$$x_t = \delta + \phi_1 x_{t-1} + \phi_2 x_{t-2} + \cdots + \phi_p x_{t-p} + u_t \tag{3-7}$$

式中，u_t 白噪声序列；δ 是常数（表示序列数据没有 0 均值化）；AR（p）等价 $(1 - \phi_1 L - \phi_2 L^2 - \cdots - \phi_p L^p) x_t = \delta + u_t$，因此 AR（$p$）的特征方程是

$$\Phi(L) = 1 - \phi_1 L - \phi_2 L^2 - \cdots - \phi_p L^p = 0 \tag{3-8}$$

AR（p）平稳的充要条件是特征根都在单位圆之外。

（2）MA（q）（q 阶移动平均）模型

$$x_t = \mu + u_t + \theta_1 u_{t-1} + \theta_2 u_{t-2} + \cdots + \theta_q u_{t-q} \tag{3-9}$$

$$x_t - \mu = (1 + \theta_1 L + \theta_2 L^2 + \cdots + \theta_q L^q) u_t = \Theta(L) u_t \tag{3-10}$$

式中，u_t 是白噪声过程。

MA（q）是由 u_t 本身和 q 个 u_t 的滞后项加权平均构造出来的，因此它是平稳的。MA（q）可逆性（用自回归序列表示 u_t）$u_t = [\Theta(L)]^{-1} x_t$。可逆条件，即 $[\Theta(L)]^{-1}$ 收敛的条件，即 $\Theta(L)$ 每个特征根绝对值大于 1，即全部特征根在单位圆之外。

（3）ARMA（p，q）（自回归移动平均）模型

$$x_t = \phi_1 x_{t-1} + \phi_2 x_{t-2} + \cdots + \phi_p x_{t-p} + \delta + u_t + \theta_1 u_{t-1} + \theta_2 u_{t-2} + \cdots + \theta_q u_{t-q} \tag{3-11}$$

$$\begin{aligned} \Phi(L) x_t &= (1 - \phi_1 L - \phi_2 L^2 - \cdots - \phi_p L^p) x_t \\ &= \delta + (1 + \theta_1 L + \theta_2 L^2 + \cdots + \theta_q L^q) u_t = \delta + \Theta(L) u_t \end{aligned} \tag{3-12}$$

$$\Phi(L) x_t = \delta + \Theta(L) u_t \tag{3-13}$$

ARMA（p，q）平稳性的条件是方程 $\Phi(L) = 0$ 的根都在单位圆外；可逆性条件是方程 $\Theta(L) = 0$ 的根全部在单位圆外。

3. 指数平滑算法

指数平滑（Exponential Smoothing）算法是一种简单的计算方法，可以有效地避免上述问题。按照模型参数的不同，指数平滑算法可以分为一次指数平滑算法、二次指数平滑算法、三次指数平滑算法。其中一次指数平滑算法针对没有趋势和季节性的序列，二次指数平滑算法针对有趋势但是没有季节特性的时间序列，三次指数平滑算法则可以预测具有趋势和季节性的时间序列。

Holt-Winter（三次指数平滑）算法按照季节性分量的计算方式不同，可以分为累加式季节性分量和累乘式季节性分量。两种不同的分量对应的时间序列计算等式和预测公式均不同，稍后将会详细介绍。

指数平滑算法是一种结合当前信息和过去信息的方法，新旧信息的权重由一个可调整的参数控制，各种变形的区别之处在于其"混合"的过去信息量的多少和参数的个数。常见的有单指数平滑、双指数平滑。它们都只有一个加权因子，但是双指数平滑使用相同的参数但指数平滑进行两次，适用于有线性趋势的序列。单指数平滑实质上就是自适应预期模型，适用于序列值在一个常数均值上下随机波动的情况，无趋势及季节要素的情况，单指数平滑的预测对所有未来的观测值都是常数。

一次指数平滑算法的递推关系公式为

$$s_i = \alpha \times x_i + (1-\alpha)s_{i-1} \tag{3-14}$$

式中，s_i 是第 i 步经过平滑的值；x_i 是这个时间的实际数据；α 是加权因子，取值范围为 [0，1]，它控制着新旧信息之间的权重平衡。当 α 接近 1 时，我们就只保留当前数据点（即完全没有对序列作平滑操作）；当 α 接近 0 时，我们只保留前面的平滑值，整个曲线是一条水平的直线。在该算法中，越早的平滑值作用越小，从这个角度看，指数平滑算法像拥有无限记忆且权值呈指数级递减的移动平均法。

一次指数平滑算法的预测公式为

$$x_{i+k} = s_i \tag{3-15}$$

因此，一次指数平滑算法得到的预测结果在任何时候都是一条直线，并不适合于具有总体趋势的时间序列，如果用来处理有总体趋势的序列，平滑值将滞后于原始数据，除非 α 的值非常接近 1，但这样使得序列不够平滑。

二次指数平滑算法保留了平滑信息和趋势信息，使得模型可以预测具有趋势的时间序列。二次指数平滑算法有两个等式和两个参数：

$$s_i = \alpha \times x_i + (1-\alpha)(s_{i-1} + t_{i-1})$$
$$t_i = \beta \times (s_i - s_{i-1}) + (1-\beta)t_{i-1} \tag{3-16}$$

式中，t_i 代表平滑后的趋势，当前趋势的未平滑值是当前平滑值 s_i 和上一个平滑值 s_{i-1} 的差；s_i 是当前平滑值，是在一次指数平滑基础上加入了上一步的趋势信息 t_{i-1}。利用这种算法做预测，就取最后的平滑值，然后每增加一个时间步长，就在该平滑值上增加一个 t_i：

$$x_{i+h} = s_i + h \times t_i \tag{3-17}$$

在计算的形式上这种方法与三次指数平滑算法类似，因此，二次指数平滑算法也被称为无季节性的三次指数平滑算法。

三次指数平滑算法相比二次指数平滑算法，增加了第三个量来描述季节性。累加式季节性对应的等式为

$$s_i = \alpha \times (x_i - p_{i-k}) + (1-\alpha)(s_{i-1} + t_{i-1})$$
$$t_i = \beta \times (s_i - s_{i-1}) + (1-\beta)t_{i-1}$$
$$p_i = \gamma(x_i - s_i) + (1-\gamma)p_{i-k} \tag{3-18}$$
$$x_{i+h} = s_i + h \times t_i + p_{i-k+h}$$

式中，p_i 为周期性的分量，代表周期的长度；x_{i+h} 为模型预测的等式。

3.1.2 电量预测算法对比分析

使用上述章节样本数据及算法，将 2018 年 9 月售电量作为预测目标，进行售电量预测，分别从准确度、使用时间、内存占用量等方面进行测试，具体结果如表 3-1 所示。

表 3-1 不同算法对比分析

算法名称	预测类型	平均绝对百分误差（MAPE）	用时	占用内存
时间序列 ARIMA	月度售电量预测	6.76%	191ms	887MB
	日售电量预测汇总	7.55%	1321ms	1091MB
灰色模型 GM（1，1）	月度售电量预测	7.56%	219ms	874MB
	日售电量预测汇总	6.58%	989ms	1081MB
三次指数平滑	月度售电量预测	7.81%	171ms	874MB
	日售电量预测汇总	8.81%	451ms	1181MB

从各个算法预测准确度及实际业务目标出发（月初/月中预测），将采用月度售电量预测及日售电量预测组合模型的模式进行售电量预测。根据各项指标选择两类预测中表现优异的"时间序列 ARIMA（自回归移动平均）"构建月度售电量预测模型，"灰色模型 GM（1，1）"构建日售电量预测模型。

3.1.3 组合模型权重确定方法

根据上节的分析，可以构建月售电量组合模型，具体如下：

月售电量预测量 $= a \times$ 月初售电量预测模型（时间序列 ARIMA）$+$
$b \times \sum$ 日售电量预测 [灰色模型 GM（1，1）]

从构建的模型可以看出，不同预测模型权重 a、b 的确定将是组合预测模型效用的一大难点。

1. 层次分析法

层次分析法（Analytic Hierarchy Process，AHP），在 20 世纪 70 年代中期由美国运筹学家托马斯·塞蒂正式提出。它是一种定性和定量相结合的、系统化、层次化的分析方法。由于它在处理复杂的决策问题上的实用性和有效性，很快在世界范围得到重视。它的应用已遍及经济计划和管理、能源政策和分配、行为科学、军事指挥、运输、农业、教育、人才、医疗和环境等领域。

层次分析法的基本思想与人进行复杂的决策问题的思维、判断过程大体一致。以一个旅游问题为例：如果有 A、B、C 共 3 个旅游地点可以选择，通常会根据景色、居住、饮食、旅途等条件再结合一些准则去反复比较这 3 个候选地点。首先，通常会根据你心目中的准则给出大致的占比，例如：你的经济情况比较好、喜欢旅游，则肯定是将景色条件放在首位，如果是比较俭朴的或没有什么经费的，则可能优先考虑选择一些性价比较高的居住环境等问题。其次，根据不同的准则将 3 个地点进行对比，譬如 A 景色最好，B 次之；B 费用最低，C 次之；C 居住等条件较好等。最后，你要将这两个层次的比较判断进行综合，在 A、B、C 中确定哪个作为最佳地点。

1）建立层次结构模型。在深入分析实际问题的基础上，将有关的各个因素按照不同属性自上而下地分解成若干层次，同一层的诸因素从属于上一层的因素或对上层因素有影响，同时又支配下一层的因素或受到下层因素的作用。最上层为目标层，通常只有 1 个因素，最下层通常为方案或对象层，中间可以有一个或几个层次，通常为准则或指标层。当准则过多（譬如多于 9 个）时，应进一步分解出子准则层。

2）构造成对比较矩阵。从层次结构模型的第 2 层开始，对于从属于（或影响）上一层每个因素的同一层诸因素，用成对比较法和 1—9 比较尺度构造成对比较矩阵，直到最下层。

3）计算权向量并做一致性检验。对于每一个成对比较矩阵计算最大特征根及对应特征向量，利用一致性指标、随机一致性指标和一致性比率做一致性检验。若检验通过，特征向量（归一化后）即为权向量；若不通过，需重新构造成对比较矩阵。

4）计算组合权向量并做组合一致性检验。计算最下层对目标的组合权向量，并根据公式做组合一致性检验，若检验通过，则可按照组合权向量表示的结果进行决策，否则需要重新考虑模型或重新构造那些一致性比率较大的成对比较矩阵。

运用层次分析法有很多优点，其中最重要的一点就是简单明了。层次分析法不仅适用于存在不确定性和主观信息的情况，还允许以合乎逻辑的方式运用经验、洞察力和直觉。也许层次分析法最大的优点是提出了层次本身，它使得买方能够认真地考虑和衡量指标的相对重要性。

将问题包含的因素分层：最高层（解决问题的目的）；中间层（选择为实现总目标而采取的各种措施、方案所必须遵循的准则。也可称策略层、约束层、准则层等）；最低层（用于解决问题的各种措施、方案等）。把各种所要考虑的因素放在适当的层次内，可以用层次结构图清晰地表达这些因素的关系。通过比较同一层中各个指标因数之间的关系来获得它们的相互重要性，当需要比较第 i 个元素与第 j 个元素相对上一层某个因素的重要性时，使用相对权重 a_{ij} 来描述。设共

有 n 个元素参与比较，则 $A = (a_{ij})_{n \times n}$ 称为成对比较矩阵。

在成对比较矩阵中 a_{ij} 的取值可参考 Satty 的提议，按下述标度进行赋值。a_{ij} 在 $1 \sim 9$ 及其倒数中间取值。

$a_{ij} = 1$，元素 i 与元素 j 对上一层次因素的重要性相同；

$a_{ij} = 3$，元素 i 比元素 j 略重要；

$a_{ij} = 5$，元素 i 比元素 j 重要；

$a_{ij} = 7$，元素 i 比元素 j 重要得多；

$a_{ij} = 9$，元素 i 比元素 j 绝对重要；

$a_{ij} = 2n$，$n = 1, 2, 3, 4$，元素 i 与 j 的重要性介于 $a_{ij} = 2n - 1$ 与 $a_{ij} = 2n + 1$ 之间；

$a_{ij} = \dfrac{1}{n}$，$n = 1, 2, \cdots, 9$，当且仅当 $a_{ji} = n$。

成对比较矩阵的特点：$a_{ij} > 0$，$a_{ij} = 1$，$a_{ij} = \dfrac{1}{a_{ji}}$（备注：当 $i = j$ 时候，$a_{ij} = 1$）。

从理论上分析得到：如果 A 是完全一致的成对比较矩阵，应该有 $a_{ij}a_{jk} = a_{ik}, 1 \leqslant i, j, k \leqslant n$。但实际上在构造成对比较矩阵时要求满足上述众多等式是不可能的。因此，退而要求成对比较矩阵有一定的一致性，即可以允许成对比较矩阵存在一定程度的不一致性。

由以上分析可知，对完全一致的成对比较矩阵，其绝对值最大的特征值等于该矩阵的维数。当成对比较矩阵不一致时，其绝对值最大的特征值大于该矩阵的维数。检验成对比较矩阵 A 一致性的步骤如下：

计算衡量一个成对比较矩阵 A（$n > 1$ 阶方阵）不一致程度的指标 CI：

$$CI = \frac{\lambda_{\max}(A) - n}{n - 1} \tag{3-19}$$

RI 的计算方法：对于固定的 n，随机构造成对比较矩阵 A，其中 a_{ij} 是从 1，2，$\cdots$，9，1/2，1/3，$\cdots$，1/9 中随机抽取的。这样的 A 是不一致的，取充分大的子样可得到 A 的最大特征值的平均值。表 3-2 给出了在不同维数下的 RI 计算值。

表 3-2 RI 的值

n	1	2	3	4	5	6	7	8	9
RI	0	0	0.58	0.90	1.12	1.24	1.32	1.41	1.45

注：检验成对比较矩阵 A 一致性的标准为 RI，RI 称为平均随机一致性指标，它只与矩阵阶数 n 有关。

按下式计算成对比较阵 A 的随机一致性比率 CR：

$$CR = \frac{CI}{RI} \tag{3-20}$$

判断方法如下：当 CR<0.1 时，判定成对比较矩阵 A 具有满意的一致性，或其不一致程度是可以接受的；否则就调整成对比较矩阵 A，直到达到满意的一致性为止。

例如：对如下的矩阵：

$$
\begin{bmatrix}
1 & 2 & 7 & 5 & 5 \\
\dfrac{1}{2} & 1 & 4 & 3 & 3 \\
\dfrac{1}{7} & \dfrac{1}{4} & 1 & \dfrac{1}{2} & \dfrac{1}{3} \\
\dfrac{1}{5} & \dfrac{1}{3} & 2 & 1 & 1 \\
\dfrac{1}{5} & \dfrac{1}{3} & 3 & 1 & 1
\end{bmatrix}
$$

计算得到 $\lambda_{\max}(A) = 5.073$，$\mathrm{CI} = \dfrac{\lambda_{\max}(A) - 5}{5 - 1} = 0.018$，查得 $\mathrm{RI} = 1.12$。

$$
\mathrm{CR} = \frac{\mathrm{CI}}{\mathrm{RI}} = \frac{0.018}{1.12} = 0.016 < 0.1
$$

这说明 A 不是一致阵，但 A 具有满意的一致性，不一致程度是可接受的。此时 A 的最大特征值对应的特征向量为 $U = (-0.8409, -0.4658, -0.0951, -0.1733, -0.1920)$。这个向量也是问题所需要的。通常要将该向量标准化，使得它的各分量都大于 0，各分量之和等于 1。该特征向量标准化后变成 $U = (0.475, 0.263, 0.051, 0.103, 0.126)^{Z}$。经过标准化后这个向量称为权向量。各因素的相对重要性由权向量 U 的各分量所确定。在实践中，可采用下述方法计算对成对比较矩阵 $A = (a_{ij})_{n \times n}$ 的最大特征值 $\lambda_{\max}(A)$ 和相应特征向量的近似值。

定义

$$
U_k = \frac{\sum\limits_{j=1}^{n} a_{kj}}{\sum\limits_{i=1}^{n}\sum\limits_{j=1}^{n} a_{ij}}, \quad U = (u_1, u_2, \cdots, u_n)^{z} \tag{3-21}
$$

可以近似地看作 A 的对应于最大特征值的特征向量。

计算

$$
\lambda = \frac{1}{n}\sum_{i=1}^{n}\frac{(AU)_i}{u_i} = \frac{1}{n}\sum_{i=1}^{n}\frac{\sum\limits_{i=1}^{n}\sum\limits_{j=1}^{n} a_{ij} u_j}{u_i} \tag{3-22}
$$

可以近似看作 A 的最大特征值。实践中可以由 λ 来判断矩阵 A 的一致性。

1）建立递阶层次结构。

2）构造两两比较判断矩阵（正互反矩阵）：对各指标之间进行两两对比之后，然后按 9 分位比率排定各评价指标的相对优劣顺序，依次构造出评价指标的判断矩阵。

3）针对某一个标准，计算各备选元素的权重。

备选元素的权重计算方法主要有两种，即几何平均法（根法）和规范列平均法（和法）。

① 几何平均法（根法）：首先，计算判断矩阵 A 各行各个元素 a_i 的乘积；其次，计算 a_i 的 n 次方根；最后，对向量进行归一化处理，该向量即为所求权重向量。

② 规范列平均法（和法）：首先，计算判断矩阵 A 各行各个元素 a_i 的和；其次，将 A 的各行元素的和进行归一化；最后计算两两比较矩阵每一行的平均值，将求得的平均值即为对应的特征向量，也是权重向量。

4）一致性检验。

构造好判断矩阵后，需要根据判断矩阵计算针对某一准则层各元素的相对权重，并进行一致性检验。虽然在构造判断矩阵 A 时并不要求判断具有一致性，但是判断偏离一致性过大也是不允许的。因此需要对判断矩阵 A 进行一致性检验。

选择 MAPE（平均绝对百分比误差）-C1、计算用时 -C2、占用内存 -C3 作为指标构筑评价矩阵如表 3-3 所示。

表 3-3　评价矩阵

	C1	C2	C3
C1	1	3	4
C2	1/3	1	2
C3	1/4	1/2	1

将 MAPE-C1、计算用时 -C2、占用内存 -C3 等指标标准化后，带入相关指标计算可得以"时间序列 ARIMA"构建月度售电量预测模型、"灰色模型 GM（1,1）"构建日售电量预测模型的权重为 0.6698、0.3612。

2. 方差倒数法

方差倒数法是 Bates 和 Granger 曾提出的，其基本原理是：首先计算各个单项预测模型的误差二次方和，然后通过整体误差二次方和最小的原则对各单项预测模型的权数进行赋值。

设 $y(y_1, y_2, \cdots, y_{n-1}, y_n)$ 为真实值，$\hat{y}_1(\hat{y}_{11}, \hat{y}_{12}, \cdots, \hat{y}_{1n-1}, \hat{y}_{1n})$ 为预测模型 1 预测的值，

$\hat{y}_2(\hat{y}_{21}, \hat{y}_{22}, \cdots, \hat{y}_{2n-1}, \hat{y}_{2n})$ 为预测模型 2 预测的值。

则各个单项预测模型的误差二次方和为

$$e_1 = \sum_{i=1}^{n}(y - \hat{y}_{1i})^2 \qquad e_2 = \sum_{i=1}^{n}(y - \hat{y}_{2i})^2$$

进一步，单项模型权重系数为

$$w_1 = \frac{1/e_1}{1/e_1 + 1/e_2} \qquad w_2 = \frac{1/e_2}{1/e_1 + 1/e_2}$$

最后的预测值：$\hat{y} = w_1\hat{y}_1 + w_2\hat{y}_2$。

3. 两种方法比较

通过以上分析可知，两种不同权重计算算法各有特点：

1）层次分析法的计算过程简洁，消耗计算资源较少，评价精准，但需要人工经验参与且权重固定。

2）方差倒数法的计算较为复杂，耗时及占用资源较多，将使用预测值与实际值的对比进行不同模型的权重更新。

以上两种方法各有优势，因此，为了充分利用两种方法的特性，本文通过将两种权重计算方法进行融合处理，将两种不同的方法计算出的权重值在各自方向上进行加权平均，将不同方向上的加权平均值作为最后该方向的权重值。

3.2　售电量监控和分析模型

仍采用表 3-1 数据进行分析，根据表 3-1 可得到 2017 年 1 月 20 日至 2018 年 9 月 30 日日售电量值折线图，如图 3-1 所示。通过对 A 地区 2017 年 1 月 20 日至 2018 年 9 月 30 日日售电量值的可视化展示，我们发现：一是各日售电量整体波动较大，无法单纯的考虑使用同比、环比的传统方式进行售电量异常判定；二是从售电量曲线图上可得售电量受气温（7/8 月）及各类节假日影响较大。

3.2.1　电量异常事件

根据异常事件的统计可分为"日售电量异常事件"和"月售电量异常事件"。根据事件来源可分为"用户电量异常""行业电量异常"及"地区电量异常"。

日售电量异常事件如表 3-4 所示。

月售电量异常事件如表 3-5 所示。

如图 3-2 所示，当电量异常事件发生时，模型以异常日期为基准，判定异常原因。如出现多种影响因素并存的情况，将根据不同影响因素相关系数，区分影响程度。

表 3-4　日售电量异常事件

异常类型	异常事件名称
用户电量异常	用户电量同比突增
	用户电量同比突降
	用户电量突降
	用户电量突增
	用户电量持续降低
	用户电量持续增长
行业电量异常	行业售电量同比突增
	行业售电量同比突降
	行业售电量突降
	行业售电量突增
	行业售电量持续增长
	行业售电量持续降低
地区电量异常	地区售电量同比突增
	地区售电量同比突降
	地区售电量突降
	地区售电量突增
	地区售电量持续增长
	地区售电量持续降低

表 3-5　月售电量异常事件

异常类型	异常事件名称
用户电量异常	用户电量同比突增
	用户电量同比突降
	用户电量环比突增
	用户电量环比突降
	用户电量突降
	用户电量突增
行业电量异常	行业售电量同比突增
	行业售电量同比突降
	行业售电量环比突增
	行业售电量环比突降
	行业售电量突降
	行业售电量突增
	行业占比突增
	行业占比突降
	行业售电量持续增长
	行业售电量持续降低

（续）

异常类型	异常事件名称
地区电量异常	地区售电量同比突增
	地区售电量同比突降
	地区售电量环比突增
	地区售电量环比突降
	地区售电量突降
	地区售电量突增
	地区占比突增
	地区占比突降
	地区售电量持续增长
	地区售电量持续降低

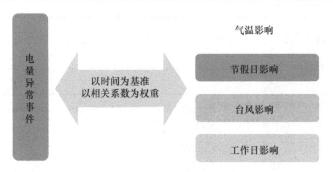

图 3-2　电量异常事件示意图

3.2.2　影响因素相关性分析

1. Pearson 相关系数

Pearson 相关也称为积差相关（或积矩相关），是英国统计学家 Pearson 于 20 世纪提出的一种计算直线相关的方法。简单地来说，它是描述定距变量间的线性关系，衡量两个数据集合是否在一条线上，也可以看作两组数据的向量夹角的余弦。假设有 n 个数据对 (x_i, y_i)，$i = 1, 2, \cdots, n$，Pearson 相关系数 r_{xy} 的计算公式如下：

$$r_{xy} = \frac{\sum_{i=1}^{n}(x_i - \bar{x})(y_i - \bar{y})}{\sqrt{\sum_{i=1}^{n}(x_i - \bar{x})^2 \sum_{i=1}^{n}(y_i - \bar{y})^2}} \qquad (3\text{-}23)$$

式中，$\bar{x} = \sum_{i=1}^{n} x_i / n$，$\bar{y} = \sum_{i=1}^{n} y_i / n$。

表 3-6 和图 3-3 分别给出了电量异常事件与各影响因素的相关系数，从中可以看出，气温影响和电量异常事件的关联性最大。

表 3-6　电量异常事件与各影响因素的相关系数

影响因素	相关系数
气温影响	0.5819959
节假日影响	0.3534254
台风影响	0.05916245
工作日影响	0.1752047

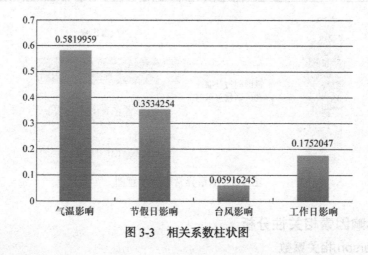

图 3-3　相关系数柱状图

2. 互信息

根据定义，2 个变量 X 和 Y 间的相互依存关系可以用互信息 $I(X;Y)$ 表示：

$$I(X;Y) = \sum_{x \in S_x} \sum_{y \in S_y} p(x,y) \log_2 \frac{p(x,y)}{p(x)p(y)} \tag{3-24}$$

式中，x、y 分别为 X、Y 可能取值集合；S_x 为 X 的所有取值集合；S_y 为 Y 的所有取值集合；$I(X;Y)$ 可以理解为知道 Y 后对 X 的不确定性的贡献，如果 2 个变量间的互信息取值较大，说明 2 个变量间的关联性越大。

表 3-7 和图 3-4 分别给出了行业电量异常事件与各用电类别间的互信息结果，从中可以明显看出，农业生产用电和行业电量异常事件的互信息最大。

表 3-7　各用电类别的互信息参数

用电类别	互信息
城镇居民生活用电	0.69109
大工业用电	0.29489
大工业中小化肥	0.06767
非工业	0.35901
非居民照明	0.62045
居民生活用电	0.38004
农业排灌	0.08696
农业生产用电	0.74672
普通工业	0.4429
商业用电	0.7083
乡村居民生活用电	0.5893
学校教学和学生生活用电	0.41972

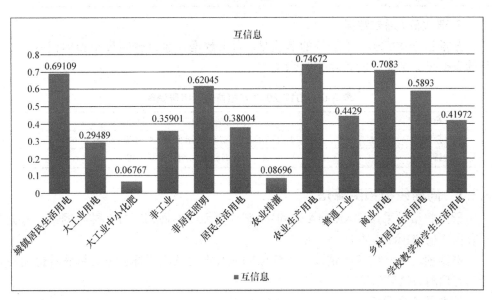

图 3-4　互信息参数柱状图

3.3　同期线损预测模型

从产生线损的原因入手，分析不同线损产生原因的内外部影响因素，诸如售电量与可变线损的关系分析、供售电结构影响研究，更为细致地挖掘不同类型线损的影响因素，构筑针对同期线损的因果类型的预测模型。使用主成分分析（PCA）方式进行影响因素降维，选定反向传播（BP）神经网络作为预测核心算法。

同期线损预测模型的数据采用大数据平台采集到的 2017 年 1 月至 2018 年 9 月某地区的气象数据。

1. 气象数据

气象中心提供的 2017/2018 年全年的某省各地区的气象数据的主要字段及释义如表 3-8 所示。

表 3-8　2017/2018 年历史气象数据字段说明

地区	×× 地区市县名称
日期	时间范围：2017/1/1~2018/9/30
最高气温	当地当日最高气温，单位：℃
降雨量	当地当日降雨量，单位：mm
最低气温	当地当日最低气温，单位：℃
风力等级	当风力等级大于及等于 12 级时判定为台风

2. 节假日 / 周末数据

某地区 2017/2018 年全年的节假日 / 周末数据，通过按照日期和标记后产生新的数据集，主要字段如表 3-9 所示。

表 3-9　2017/2018 年报修数据字段说明

日期	时间范围：2017/1/1~2018/9/30
日期类型	1. 工作日；2. 周末；3. 节假日；4. 春节；5. 国庆
持续时长	节假日持续时间，默认为零

3.3.1　同期线损预测算法

预测数量常采用"ARIMA 时间序列""多元线性回归""BP 神经网络"等为核心算法构建预测模型。

根据地区业务的实际情况，以地区同期线损为预测目标，进行算法的适用性研究与预测模型算法选择。

1. 时间序列算法

此部分内容已在 3.1.1 节介绍过，在此不再赘述。

2. 多元线性回归算法

回归研究因变量与自变量之间的关系，通过回归方程的方式表达自变量与因变量之间依存关系。多元线性回归模型则研究某一因变量与多个自变量之间的相互关系。

$$y = \beta_0 + \beta_1 x_1 + \cdots + \beta_p x_p + \varepsilon \tag{3-25}$$

式中，y 为因变量；ε 为随机观察值；β_0 为常数；β_i 为偏回归系数。设有 p 个自变量，其向量表达为 $(x_1, x_2, \cdots, x_p)$，有 n 组观察数据。其中第 i 组的观察数据为 $(y_i, x_1, x_2, \cdots, x_p)$。则可以假定使用线性方式表达因变量与自变量之间关系：

$$y_i = \hat{y} + \varepsilon_i = b_0 + b_1 x_{i1} + \cdots + b_p x_{ip} + \varepsilon_i \tag{3-26}$$

ε_i 服从正态分布，是模型是否成立的评判值。

多元线性回归模型将有如下 4 种基础假设：

假设 1：

$$E(u_i) = 0, i = 1, 2, \cdots, \ n$$

$$E(\boldsymbol{U}) = E \begin{bmatrix} u_1 \\ u_2 \\ \vdots \\ u_n \end{bmatrix} = \begin{bmatrix} E(u_1) \\ E(u_2) \\ \vdots \\ E(u_n) \end{bmatrix} = \begin{bmatrix} 0 \\ 0 \\ \vdots \\ 0 \end{bmatrix}$$

假设 2：

$$D(u_i) = E(u_i^2) = \sigma_u^2, i = 1, 2, \cdots, n$$

$$Cov(u_i, u_j) = E(u_i, u_j) = 0, i \neq j, i, j = 1, 2, \cdots, n$$

使用矩阵表达如下：

$$
E(\boldsymbol{U}\boldsymbol{U}') = E \begin{bmatrix} \begin{bmatrix} u_1 \\ u_2 \\ \vdots \\ u_n \end{bmatrix} \begin{bmatrix} u_1 & u_2 & \cdots & u_n \end{bmatrix} \end{bmatrix} = E \begin{bmatrix} u_1^2 & u_1 u_2 & \cdots & u_1 u_n \\ u_2 u_1 & u_2^2 & \cdots & u_2 u_n \\ \cdots & \cdots & \cdots & \cdots \\ u_n u_1 & u_n u_2 & \cdots & u_n^2 \end{bmatrix}
$$

$$
= \begin{bmatrix} E(u_1^2) & E(u_1 u_2) & \cdots & E(u_1 u_n) \\ E(u_2 u_1) & E(u_2^2) & \cdots & E(u_2 u_n) \\ \cdots & \cdots & \cdots & \cdots \\ E(u_n u_1) & E(u_n u_2) & \cdots & E(u_n^2) \end{bmatrix} = \begin{bmatrix} \sigma_1^2 & 0 & \cdots & 0 \\ 0 & \sigma_2^2 & \cdots & 0 \\ \cdots & \cdots & \cdots & \cdots \\ 0 & 0 & \cdots & \sigma_n^2 \end{bmatrix}
$$

假设 3：

$$Cov(u_i, x_j) = 0, i = 1, 2, \cdots, n, j = 1, 2, \cdots, m$$

则随机扰动项 u 与自变量 $x_1, x_2, \cdots, x_m$ 之间相互独立。

假设 4：

$$r(X) = m, m < n$$

即 $x_1, x_2, \cdots, x_m$ 两两相互独立。

模型构建的过程中，自变量的选择是关键，自变量筛选方法通常采用逐步回归法，具体步骤如下：

步骤 1：首先将预测目标 y 与所有的未筛选自变量 $x_k(k=1,2,3,\cdots,m)$ 分别建立两两对应的一元回归线性方程。

$$
\begin{aligned}
y &= \beta_0 + \beta_1 x_1 + u \\
y &= \beta_0 + \beta_1 x_2 + u \\
&\vdots \\
y &= \beta_0 + \beta_1 x_m + u
\end{aligned}
\tag{3-27}
$$

计算变量 x_k，得到相应的回归系数的 F 检验统计量的值 $\left\{F_1^1, \cdots, F_m^1\right\}$，选择其中最大的 F_n 所对应的 $x_n(n \leqslant m)$ 作为第一个已被筛选的自变量。

步骤 2：将 $x_n(n \leqslant m)$ 与剩余的 $m-1$ 个自变量组成 $m-1$ 个二元线性回归方程。

$$
\begin{aligned}
y &= \beta_0 + \beta_1 x_n + \beta_2 x_1 + u \\
y &= \beta_0 + \beta_1 x_n + \beta_2 x_2 + u \\
&\vdots \\
y &= \beta_0 + \beta_1 x_n + \beta_2 x_{m-1} + u
\end{aligned}
\tag{3-28}
$$

则我们将选择其中 F_n 最大的 $x_i(i \leqslant m, i \neq n)$ 作为第二个已被筛选的自变量。

依次类推，每次从未引入回归模型的自变量中选取一个，将逐步筛选得出相应自变量，直到经检验没有变量引入为止，此时完成自变量的筛选。

3. BP 神经网络算法

广义上来说，神经网络算法是人工对于大脑神经的模拟，它通过构筑与大脑神经网络类似的信息处理单元，来进行大量信息的并行分布式处理。这一种模型依靠非线性的系统方式，通过节点与节点之间的突触连接关系的调整，达到对于大脑神经系统处理信息方式的模拟。

狭义上来说，则是一种灵活的自适应学习方式，它将培训数据作为学习的内容，发现原始数据之间的非线性关系，通过培训的方式，将已发现的非线性关系存储在各个神经元之间通过连接达成学习的目的。

它是由"输入层""输出层"和"隐藏层"三部分组成，通过神经元之间连接存储的权值与阈值，来进行训练结果的保存。模型在培训过程中通过迭代的方式，不断地调整神经元之间连接存储的权值与阈值，使其模型的预测值尽可能地逼近实际值，达到算法模型的学习效果。

BP 神经网络是由 Rumelhart 和 McCelland 为首的科学家小组在 1986 年提出。BP 神经网络是一种"多层前馈式神经网络"，其使用"误差逆传播算法"进行神经网络训练，这也是目前被广泛使用的神经网络算法之一。图 3-5 给出了神经网络的原理图，它的特点是在进行学习时使用"梯度下降法"，用负梯度方向为搜索方向，调整神经网络中的权值、阈值，使其接近目标值。

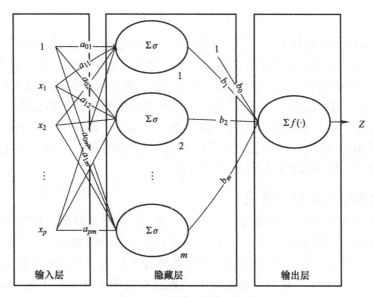

图 3-5 BP 神经网络原理图

BP 神经网络的神经元将具有三个基本功能，即"修改权值""求和"及"转移"。图 3-6 中，X_i 为神经元 i 的系统输入；W_{ji} 为神经元 i 与 j 连接的权值；b_j 为系统中神经元 j 的阈值；$f(\cdot)$ 为传递函数；y_j 为神经元 j 的输出；S_j 为神经元 j 的输入值。

神经元 j 的示意图如图 3-6 所示。

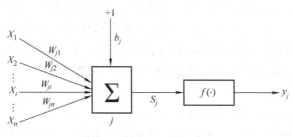

图 3-6 神经元 j 的示意图

S_j 为

$$S_j = \sum_{i=1}^{n} w_{ji} \cdot x_i + b_j = \boldsymbol{W}_j \boldsymbol{X} + b_j \tag{3-29}$$

由此可得

$$\boldsymbol{X} = [x_1 x_2 \cdots x_i \cdots x_n]^{\mathrm{T}} \tag{3-30}$$

$$\boldsymbol{W}_j = [w_{j1} w_{j2} \cdots w_{ji} \cdots w_{jn}]^{\mathrm{T}} \tag{3-31}$$

BP 神经网络算法由两个过程组成：其一为数据流的正向传播即为数据流的向前计算；其二为对于误差信号的逆向传播，即为误差的反向计算。正向传播时，数据的传输方向与基础神经网络算法方向一致，数据依次经过"输入层""隐藏层""输出层"，且每层神经元只受到上一层神经元的影响。当输出层的输出结果不在期望范围内时，则进行误差的反向传播。在这一个循环中，两个过程交替地进行，使用最速下降法在权向量空间中寻找到误差函数的极小值。在这一个迭代及动态检索中，完成信息获取与记忆的过程。

3.3.2 数据处理的常用策略

数据质量对预测结果的成效至关重要，面对低质量的数据，再优秀的算法模型都无法给出高价值的计算成果。通过数据治理提升数据质量，是数据分析中至关重要的先前环节。由于某些治理手段与业务理解和应用场景密切相关，比如噪声数据的识别和平滑手段需要根据具体的数据质量分析选择一个最合适的方案，因此，不建议离开场景的具体应用而单独进行数据的处理。

1. 缺失值治理

在决定以何种方式处理缺失值之前，我们有必要识别出缺失值的分布模式，是随机缺失还是依赖缺失，是层级缺失还是无序缺失。依赖缺失时需要找到依赖关系，可以采用回归填补法；层级缺失时比如某些特殊性质矩阵数据的下三角数据缺失，完全可以根据矩阵的性质从上三角数据推演出缺失值。

（1）删除缺失值

当某字段或记录的属性值缺失率较高时，其对算法模型的训练是个干扰，必须滤除掉。比如，e_mp_power_curve 的 96 点负荷往往呈现某天记录的 96 点数据全部缺失，在做月度负荷分析时我们可以将其删除后，用同比和环比月度负荷数据进行当月数据的修正即可，不需要进行 96 点的数据填补。

（2）填补缺失值

有如下几种填补缺失值的方法：

1）人工填写缺失值：一般地说，该方法很费时，并且当数据集很大，缺少很多值时，该方法可能行不通。

2）使用一个全局常量填充缺失值：将缺失的属性值用同一个常数（如"Un-known"或 $-\infty$）替换。如果缺失值都用"Unknown"替换，挖掘程序可能误以为它们形成了一个有趣的概念，因为它们都具有相同的值——"Unknown"。因此，尽管该方法简单，我们并不推荐。

3）使用属性的平均值填充缺失值，当缺失率较低时，常用此方法。

4）使用与给定元组属同一类的所有样本的平均值，例如，根据用电行为和合同容量相似的客户数据去填补另一个客户的缺失数据。

5）使用最可能的值填充缺失值：可以采用回归分析、决策树等方法进行缺失值的填补。例如，利用数据集中其他变量的属性，构造判定树，来预测用电量、负荷等属性的缺失值。

其中，最后一种是最常用的方法。与其他方法相比，它使用现存数据的最多信息来推测缺失值。在估计负荷数据的缺失值时，通过考虑其他属性的值，有更大的机会保持该负荷数据和其他属性之间的联系。

2. 噪声数据治理

（1）噪声数据的辨识方法

噪声数据是被测量变量的随机误差或方差。用电信息采集系统出现故障、数据补录时人为输入错误等，都会导致异常的噪声数据。噪声数据会严重干扰某些算法模型的结果，比如聚类分析。因此，剔除或平滑噪声数据尤为重要。常见的辨识方法有：

1）人为观察：凭借专家或者有经验人员的观察可以初步删除有明显错误的记录。

2）聚类：可以通过聚类方法检测出离群点，离群点将被高度怀疑为噪声数据。

3）回归：可以通过整理数据的回归关系拟合出关注点的属性值，若记录值与其偏差比较大，记录值为噪声数据的可能性也比较大。

（2）噪声数据的治理方法

对于噪声数据的处理主要有两种方法：一种是直接平滑噪声。这种方法即假设数据中确实有噪声，但是不会专门识别噪声，只是通过将含有噪声的数据整体去平滑处理，减少数据的波动方差。另外一种是先辨别噪声，再根据具体情况和应用场景去专门处理。前一种方法主要是分箱法，后一种方法主要是人工智能和人机结合的方法。

1）分箱法：分箱法通过考察"邻居"（即周围的值）来平滑存储数据的值。存储的值被分布到一些"桶"或箱中。分箱法针对排好序的数据进行处理，分为等宽和等深两种方式。

2）人工智能方法：指利用聚类、回归分析、贝叶斯计算、决策树、人工神经网络等方法对数据进行自动的平滑处理。例如，进行月度负荷预测时，可通过多变量的线性回归获得多变量之间的因果关系，达到变量之间相互预测修正的目的，从而平滑数据，去掉其中的噪声。

3）人机结合的方法：可以通过计算机和人工经验相结合的方法来辨识关注的数据。例如，在某种应用中，使用信息理论度量，帮助识别用电量数据中的噪声。度量值反映被判断的用电量数据与已知的实际值相比的"差异"程度。其差异程度大于某个阈值的模式输出到一个表中。人们可以审查表中的模式，识别真正的垃圾。这比人工地搜索整个数据库快得多。在其后的数据挖掘应用时，垃圾模式将由数据库中清除掉。

3.3.3 数据的降维方法

主成分分析（Principal Component Analysis，PCA）利用降维方法，将多个互相非独立的数据集，转化为相互之间独立的数据集。这些相互独立的数据集便是原先互相非独立数据集的主成分。原始数据通过线性组合的方式，得到主成分，且主成分相互之间是独立的，这样既可以保证主成分中保留了原始数据的数据特性，又保证了其独立性。

由于预测模型算法中，多元线性回归、神经网络算法等，都需要自变量相对独立。故本研究需要对自变量数据集进行主成分分析。

主成分的选取标准主要有 3 种。

1）方差贡献率 Z_i：其计算公式为

$$Z_i = \frac{\lambda_i}{\sum_{i=1}^{p} x_i}$$

（3-32）

式中，λ_i 为主成分 Z_i 的方差比重，即为其方差在全部方差总值中的占比。λ_i 值越高，则主成分 Z_i 的信息价值越高。

2）特征根：是主成分 Z_i 的方差，其值越高，则表明主成分 Z_i 的影响力越大。

3）累计方差贡献率：当选取了 K 个主成分 Z_i 后，累计方差在全部方差总值中的占比，即为 K 个主成分 Z_i 的贡献率的和。

3.3.4 差异化台区线损预测模型

基于台区内客户基础属性及用电特性，进行台区信息收集，进行该类型台区合理线损范围的计算。同时，根据该台区的历史数据，分析计算该台区的合理线损。将相同类型台区的合理线损范围与历史数据计算得出的合理台区线损范围进行融合修正，得到每一个台区的合理线损范围。图 3-7 给出了台区线损差异化治理的总流程。

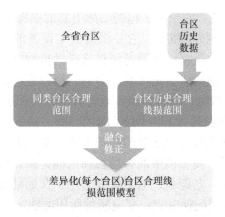

图 3-7　台区线损差异化治理总流程

1. 线损分类及产生原因

（1）按损耗特点分类

整个电网线损电量可分为固定损耗、可变损耗、管理损耗三部分。

1）固定损耗：主要包括变压器的铁损及表计电压线圈损失。固定损耗功率一般不随负荷变化而变化，只要设备带有电压，就有电能损耗。但实际上固定损耗功率也不是固定不变的，因为它与电压及电网频率有关，而电网电压及电网频率变动又不大，所以才认为它是固定不变的。它包括发电厂、变电站变压器及配电变压器的铁损；电晕损耗；调相机、调压器、电抗器、互感器、消弧线圈等设备的铁损，以及绝缘子的损耗；电容器和电缆的介质损耗；电能表电压线圈损耗。

2）可变损耗：主要包括导线损耗、变压器铜损。可变损耗功率是随着负荷的变化而变化的，它与电流的平方成正比，电流越大，则损耗功率越大。它包括发电厂、变电站变压器及配电变压器的铜损，即电流流经线圈的损耗；输、配电线路的铜损，即电流通过导线的损耗；调相机、调压器、电抗器、互感器、消弧线圈等设备的铜损；接户线的铜损；电能表电流线圈的铜损。

3）管理损耗：是指由于管理不善，以及其他不明因素在供用电过程中造成的各种损失。因此它也称为其他损耗或不明损耗。它主要包括用户窃电及违章用电；计量装置误差、错误接线、故障等；营业和运行工作中的漏抄、漏计、错算及倍率差错等；带电设备绝缘不良引起的泄漏电流等；变电站的直流充电、控制及保护、信号、通风冷却等设备消耗的电量，以及调相机辅机的耗电量；供、售电量抄表时间不一致；统计线损与理论线损计算的统计口径不一致，以及理论计算的误差等。

（2）按损耗性质分类

整个电网线损可分为统计线损、理论线损和管理线损三部分。

1）统计线损：又称实际线损。它是根据电能表的读数计算出来的，等于供电量和售电量两者的差值。它反映了电网实际上总的损耗量。

2）理论线损：又称技术线损，它是根据供电设备的参数和电网当时的运行方式，由理论计算得出的线损，也就是说在这样的电网结构及运行方式下，应该损耗多少的电量。因为理论线损是计算出来的，所以它的准确度取决于供电设备参数的准确度、运行参数的合理性以及理论计算的方法和工具。

根据《电力网电能损耗计算导则》（DL/T 686—1999）的规定，理论线损电量是以下各项损耗电量之和：变压器的损耗电能；架空及电缆线路的导线损耗的电能；电容器、电抗器、调相机中的有功损耗电能，调相机辅机的损耗电能；电流互感器、电压互感器、电能表、电测仪表、保护及远动装置的损耗电能；电晕损耗的电能；绝缘子泄漏损耗电能；变电所的所用电能。

3）管理线损：是指电网总损耗除去理论线损外的其他损耗，即统计线损与理论线损的差值。管理线损可以通过加强管理降到很低。管理线损包括电能计量装置的误差；营销工作中漏抄、错抄、估抄、漏计、错算及倍率搞错等；用户违章用电及窃电。此外，一些有效的技术措施（尤其是经济运行措施）也可以通过管理方式来实现降损。

2. 差异化台区线损模型

图 3-8 给出了差异化台区线损模型的示意图，从图中可以看出，不同台区线损率的分布大致相同，但是均值和曲线形态不同，因此，从图上可以看出，在给定的分布曲线形态下，差异化台区线损率的合理范围为 $[Q_1-1.5\Delta Q, Q_3+1.5\Delta Q]$。研究在台区线损影响因素分析结果的基础上，实现数据准备和数据接入，并对接入的数据进行数据预处理，然后对预处理后的数据做差异化分析处理，通过台区用户数及负荷数实现台区类别划分。基于分析结果，针对每一个台区建立合理的台区差异化线损范围。

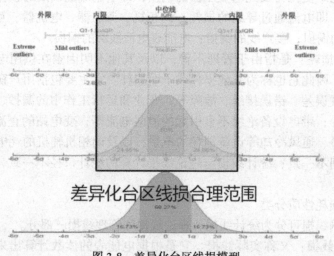

图 3-8　差异化台区线损模型

3.4　仿真测试和分析

3.4.1　电量预测模型仿真测试和分析

1. ARIMA 时间序列 - 月度售电量预测模型

基于 2017 年 2 月至 2018 年 8 月 PT、QZ、XM 三地市普通工业用户正向电量，采用 ARIMA 预测 2018 年 9 月 PT、QZ、XM 普通工业用户正向电量，预测结果见表 3-10。

表 3-10　采用 ARIMA 预测 2018 年 9 月城市 PT、QZ、XM 的普通工业用户正向电量

（单位：kWh）

地市	PT	QZ	XM
实际值	10548396.58	603103.7	9092523.6
预测值	10088332	579964.5	8350379
相对误差	4.36%	3.84%	8.16%

2. 时间序列 GM（1，1）- 日售电量预测模型

以 20 日为抄表日，基于 2018 年 9 月 1 日至 2018 年 9 月 20 日 PT、QZ、XM 普通工业用户正向电量，采用 GM（1，1）分别预测 2018 年 9 月 21 日至 2018 年 9 月 30 日 PT、QZ、XM 普通工业用户正向电量，然后合并 2018 年 9 月 1 日至 2018 年 9 月 20 日 PT、QZ、XM 普通工业用户 GM（1，1）拟合的正向电量，得到 2018 年 9 月三地市普通工业用户正向电量的预测值，结果见表 3-11。

表 3-11　2018 年 9 月三地市普通工业用户正向电量的预测值

（单位：kWh）

地市	PT	QZ	XM
实际值	10548396.58	603103.7	9092523.6
预测值	11298928.58	645611.37	9835550.88
相对误差	7.12%	7.05%	8.17%

3. ARIMA-GM（1，1）组合模型

使用方差倒数法计算不同预测模型的权重 a、b 可得 $a = 0.5941994$，$b = 0.4058006$，则组合模型预测结果见表 3-12，可以看出组合模型预测结果整体优于单一模型。

表 3-12　组合模型预测结果

（单位：kWh）

地市	PT	QZ	XM
实际值	10548396.58	603103.7	9092523.6
预测值	10579593	606604	8953063
相对误差	0.30%	0.58%	1.53%

3.4.2　不同影响因素间的相关性分析

1. 不同用电类型售电量影响因素相关性分析

（1）相关系数情况

基于 A 地区 2017 年 1 月 20 日至 2018 年 11 月 30 日城镇居民生活用电、大工业用电、非工业、非居民照明、居民生活用电、农业排灌、农业生产用电、普通工业、商业用电、乡村居民生活用电、学校教学和学生生活用电、最高温（离散化处理后）以及节假日、风力等级、台风、日类型等数据，计算变量之间的 Spearman 相关系数矩阵如表 3-13 所示，相关系数可视化如图 3-9 所示。从中可以看出，不同用电类别电量与最高温、节假日、日类型呈一定的相关性，与风力等级、台风呈弱相关性，其中与最高温的相关性最大，由大到小排序为：商业用电 > 农业排灌 > 非居民照明 > 城镇居民生活用电 > 居民生活用电 > 非工业 > 乡村居民生活用电 > 大工业用电 > 普通工业 > 农业生产用电 > 学校教学和学生生活用电。

表 3-13　Spearman 相关系数矩阵

	城镇居民生活用电	大工业用电	非工业	非居民照明	居民生活用电	农业排灌	农业生产用电	普通工业	商业用电	乡村居民生活用电	学校教学和学生生活用电	最高温	节假日	风力等级	台风	日类型
城镇居民生活用电	1.00	0.50	0.40	0.92	0.76	0.50	0.55	0.38	0.84	0.60	0.26	**0.54**	**−0.28**	**−0.09**	**0.02**	**−0.18**
大工业用电	0.50	1.00	0.77	0.52	0.37	0.35	0.58	0.78	0.44	0.69	0.52	**0.16**	**−0.24**	**−0.09**	**0.02**	**−0.04**
非工业	0.40	0.77	1.00	0.44	0.25	0.40	0.64	0.88	0.40	0.73	0.44	**0.18**	**−0.15**	**−0.06**	**0.07**	**0.00**
非居民照明	0.92	0.52	0.44	1.00	0.74	0.51	0.47	0.40	0.90	0.63	0.26	**0.62**	**−0.24**	**−0.08**	**0.01**	**−0.26**
居民生活用电	0.76	0.37	0.25	0.74	1.00	0.21	0.29	0.29	0.58	0.44	0.48	**0.36**	**−0.36**	**−0.03**	**−0.02**	**−0.45**
农业排灌	0.50	0.35	0.40	0.51	0.21	1.00	0.25	0.35	0.57	0.34	0.02	**0.63**	**−0.03**	**−0.06**	**0.04**	**0.02**
农业生产用电	0.55	0.58	0.64	0.47	0.29	0.25	1.00	0.61	0.37	0.76	0.29	**−0.04**	**−0.17**	**−0.11**	**0.05**	**−0.01**
普通工业	0.38	0.78	0.88	0.40	0.29	0.35	0.61	1.00	0.35	0.73	0.53	**0.10**	**−0.24**	**0.01**	**0.05**	**−0.05**
商业用电	0.84	0.44	0.40	0.90	0.58	0.57	0.37	0.35	1.00	0.57	0.11	**0.76**	**−0.15**	**−0.06**	**0.02**	**−0.05**

（续）

	城镇居民生活用电	大工业用电	非工业	非居民照明	居民生活用电	农业排灌	农业生产用电	普通工业	商业用电	乡村居民生活用电	学校教学和学生生活用电	最高温	节假日	风力等级	台风	日类型
乡村居民生活用电	0.60	0.69	0.73	0.63	0.44	0.34	0.76	0.73	0.57	1.00	0.49	0.18	-0.23	-0.06	0.07	-0.09
学校教学和学生生活用电	0.26	0.52	0.44	0.26	0.48	0.02	0.29	0.53	0.11	0.49	1.00	-0.05	-0.30	0.05	0.07	-0.36
最高温	0.54	0.16	0.18	0.62	0.36	0.63	-0.04	0.10	0.76	0.18	-0.05	1.00	-0.02	-0.08	0.00	-0.02
节假日	-0.28	-0.24	-0.15	-0.24	-0.36	-0.03	-0.17	-0.24	-0.15	-0.23	-0.30	-0.02	1.00	0.04	-0.01	-0.01
风力等级	-0.09	-0.09	-0.06	-0.08	-0.03	-0.06	-0.11	0.01	-0.06	-0.06	0.05	-0.08	0.04	1.00	0.10	0.02
台风	0.02	0.02	0.07	0.01	-0.02	0.04	0.05	0.05	0.02	0.07	0.07	0.00	-0.01	0.10	1.00	0.03
日类型	-0.18	-0.04	0.00	-0.26	-0.45	0.02	-0.01	-0.05	-0.05	-0.09	-0.36	-0.02	-0.01	0.02	0.03	1.00

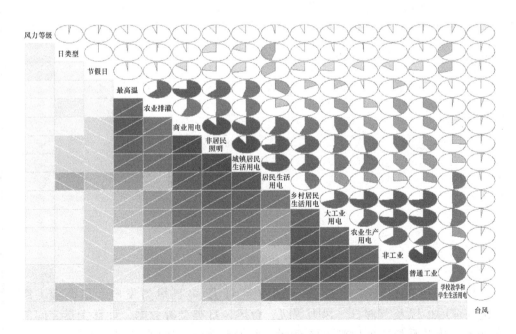

图 3-9　相关系数可视化

基于 A 地区 2017 年 3 月 5 日至 2018 年 11 月 30 日大工业中小化肥、最高温（离散化处理后）以及节假日、风力等级、台风、日类型等数据，计算变量之间的 Spearman 相关系数矩阵如表 3-14 所示，相关系数可视化如图 3-10 所示。从中可以看出，大工业中小化肥与最高温、节假日、风力等级、台风、日类型呈弱相关性。

表 3-14　Spearman 相关系数矩阵

	大工业中小化肥	最高温	节假日	风力等级	台风	日类型
大工业中小化肥	1.00	−0.17	−0.05	0.03	0.06	0.03
最高温	−0.17	1.00	0.00	−0.10	0.00	−0.02
节假日	−0.05	0.00	1.00	0.05	−0.01	−0.01
风力等级	0.03	−0.10	0.05	1.00	0.10	0.03
台风	0.06	0.00	−0.01	0.10	1.00	0.03
日类型	0.03	−0.02	−0.01	0.03	0.03	1.00

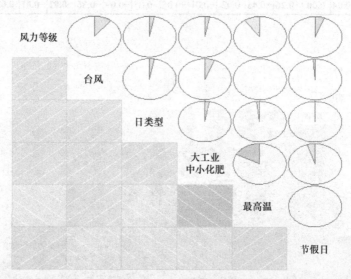

图 3-10　相关系数可视化

基于 A 市 2017 年 7 月 22 日至 2018 年 11 月 30 日风力发电、最高温（离散化处理后）以及节假日、风力等级、台风、日类型等数据，计算变量之间的 Spearman 相关系数矩阵如表 3-15 所示，相关系数可视化如图 3-11 所示。从中可以看出，风力发电与最高温、节假日、风力等级、台风、日类型呈弱相关性。

表 3-15 Spearman 相关系数矩阵

	风力发电	最高温	节假日	风力等级	台风	日类型
风力发电	1.00	−0.18	−0.19	0.05	0.01	−0.05
最高温	−0.18	1.00	0.00	−0.53	−0.01	−0.03
节假日	−0.19	0.00	1.00	0.08	−0.03	−0.02
风力等级	0.05	−0.53	0.08	1.00	0.24	0.01
台风	0.01	−0.01	−0.03	0.24	1.00	0.06
日类型	−0.05	−0.03	−0.02	0.01	0.06	1.00

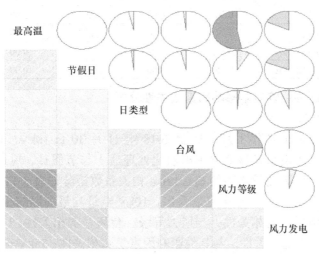

图 3-11 相关系数可视化

（2）互信息

基于 A 地区 2017 年 1 月 20 日至 2018 年 11 月 30 日城镇居民生活用电、大工业用电、大工业中小化肥、风力发电（大工业中小化肥、风力发电的时间维度分别为 2017 年 3 月 5 日至 2018 年 11 月 30 日、2017 年 7 月 22 日至 2018 年 11 月 30 日）、非工业、非居民照明、居民生活用电、农业排灌、农业生产用电、普通工业、商业用电、乡村居民生活用电、学校教学和学生生活用电、最高温（离散化处理后）以及节假日、风力等级、台风、日类型等数据，计算变量之间的互信息如表 3-16 所示。从中可以看出，不同类型电量与最高温的相关性最大，与节假日、风力等级、台风、日类型相关性较小，其中与最高温的相关性由大到小排序依次为商业用电 > 城镇居民生活用电 > 非居民照明 > 农业排灌 > 居民生活用电 > 农业生产用电 > 非工业 > 大工业中小化肥 > 乡村居民生活用电 > 普通工业 > 学校教学和学生生活用电 > 风力发电 > 大工业用电。

表 3-16 变量之间的互信息

	最高温	节假日	风力等级	台风	日类型
城镇居民生活用电	0.45	0.05	0.02	0.03	0.03
大工业用电	0.11	0.04	0.02	0.01	0.01
大工业中小化肥	0.18	0.01	0.04	0.00	0.00
非工业	0.22	0.02	0.02	0.00	0.00
非居民照明	0.41	0.05	0.03	0.00	0.08
风力发电	0.11	0.04	0.03	0.01	0.01
居民生活用电	0.27	0.09	0.01	0.00	0.17
农业排灌	0.34	0.01	0.03	0.00	0.01
农业生产用电	0.24	0.02	0.03	0.00	0.00
普通工业	0.16	0.04	0.04	0.00	0.01
商业用电	0.57	0.04	0.04	0.00	0.01
乡村居民生活用电	0.17	0.04	0.03	0.00	0.01
学校教学和学生生活用电	0.15	0.06	0.02	0.00	0.16

2. 不同电压等级售电量影响因素相关性分析

（1）相关系数

基于 A 地区 2017 年 1 月 1 日至 2018 年 11 月 30 日 10kV、110kV、35kV、6kV 不同电压等级电量、最高温（离散化处理后）与节假日、风力等级、台风、日类型等数据，计算变量之间的 Spearman 相关系数矩阵如表 3-17 所示，相关系数可视化如图 3-12 所示。从中可以看出，10kV 电量与最高温的相关性最大，与节假日、日类型呈一定相关性，与风力等级、台风呈弱相关性；110kV 电量与最高温、节假日呈一定相关性，与其他影响因素呈弱相关性；35kV 电量与节假日呈一定相关性，与其他影响因素呈弱相关性；6kV 电量与最高温、风力等级呈一定相关性，与其他影响因素呈弱相关性。

表 3-17 Spearman 相关系数矩阵

	10kV	110kV	35kV	6kV	最高温	节假日	风力等级	台风	日类型
10kV	1.00	0.44	0.55	-0.41	0.38	-0.27	-0.10	0.07	-0.13
110kV	0.44	1.00	0.72	-0.20	0.10	-0.16	0.00	-0.01	0.04
35kV	0.55	0.72	1.00	-0.43	0.01	-0.15	-0.05	0.00	0.00
6kV	-0.41	-0.20	-0.43	1.00	0.10	-0.05	0.12	0.00	0.02
最高温	0.38	0.10	0.01	0.10	1.00	-0.02	-0.08	0.00	-0.02
节假日	-0.27	-0.16	-0.15	-0.05	-0.02	1.00	0.04	-0.01	-0.01
风力等级	-0.10	0.00	-0.05	0.12	-0.08	0.04	1.00	0.10	0.02
台风	0.07	-0.01	0.00	0.00	0.00	-0.01	0.10	1.00	0.03
日类型	-0.13	0.04	0.00	0.02	-0.02	-0.01	0.02	0.03	1.00

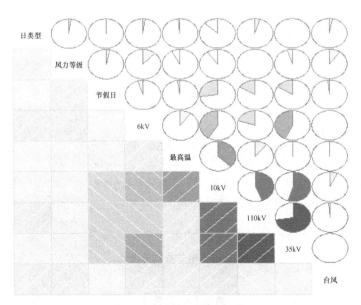

图 3-12　相关系数可视化

基于 2017 年 3 月 5 日至 2018 年 11 月 30 日 220kV 电压等级电量、最高温（离散化处理后）与节假日、风力等级、台风等数据，计算变量之间的 Spearman 相关系数矩阵如表 3-18 所示，相关系数可视化如图 3-13 所示。从中可以看出，220kV 电量与影响因素相关性由大到小排序为最高温 > 节假日 > 风力等级 > 台风。

表 3-18　Spearman 相关系数矩阵

	220kV	最高温	节假日	风力等级	台风
220kV	1.00	0.38	0.12	−0.07	0.02
最高温	0.38	1.00	0.00	−0.09	−0.01
节假日	0.12	0.00	1.00	0.05	−0.01
风力等级	−0.07	−0.09	0.05	1.00	0.11
台风	0.02	−0.01	−0.01	0.11	1.00

（2）互信息

基于 A 地区 2017 年 1 月 1 日至 2018 年 11 月 30 日 10kV、110kV、35kV、6kV、220kV 不同电压等级电量、最高温（离散化处理后）与节假日、风力等级、台风、日类型等数据，计算变量之间的互信息如表 3-19 所示。从中可以看出，不同电压等级电量与最高温相关性最大，与节假日、风力等级、台风、日类型相关性较小。

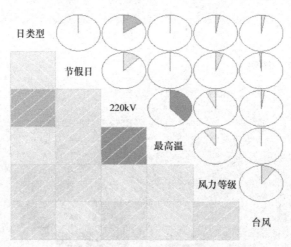

图 3-13 相关系数可视化

表 3-19 互信息

	最高温	节假日	风力等级	台风	日类型
10kV	**0.18**	0.04	0.05	0.00	0.02
110kV	**0.12**	0.02	0.02	0.01	0.01
35kV	**0.16**	0.02	0.02	0.00	0.00
6kV	**0.08**	0.02	0.03	0.00	0.00
220kV	**0.12**	0.02	0.02	0.01	0.03

3. 线损率影响因素相关性分析

（1）相关系数

基于 A 地区 2017 年 9 月 1 日至 2018 年 9 月 30 日线损率、最高温（离散化处理后）与节假日、风力等级、台风、日类型等数据，计算变量之间的 Spearman 相关系数如表 3-20 所示。从中可以看出，线损率与最高温相关性最大，与其他影响因素相关性较小。

表 3-20 Spearman 相关系数

	线损率
最高温	0.27
节假日	−0.09
风力等级	0.15
台风	−0.08
日类型	−0.05

（2）互信息

基于 A 地区 2017 年 9 月 1 日至 2018 年 9 月 30 日线损率、最高温（离散化处理后）与节假日、风力等级、台风、日类型等数据，计算变量之间的互信息如表 3-21 所示。从中可以看出，线损率与最高温相关性最大，与其他影响因素相关性较小。

表 3-21　互信息

	线损率
最高温	0.152
节假日	0.015
风力等级	0.046
台风	0.005
日类型	0.002

4. 不同用电类别售电量与线损率相关性分析

（1）相关系数

表 3-22 给出了不同用电类别的 Pearson 相关系数情况，图 3-14 为相关系数可视化。从中可以看出，城镇居民生活用电和非居民照明，居民生活用电，商业用电相关性较大，非居民用电和商业用电相关性较大，普通工业和非工业相关性较大，而线损率则和居民生活用电相关性最大。

表 3-22　Pearson 相关系数矩阵

	城镇居民生活用电	大工业用电	大工业中小化肥	非工业	非居民照明	居民生活用电	农业排灌	农业生产用电	普通工业	商业用电	乡村居民生活用电	学校教学和学生生活用电	线损率
城镇居民生活用电	1.00	0.00	−0.31	0.14	0.88	0.79	0.46	0.42	0.18	0.81	0.39	0.14	0.17
大工业用电	0.00	1.00	0.02	0.12	−0.01	−0.01	−0.01	0.04	0.13	0.00	0.09	0.05	−0.03
大工业中小化肥	−0.31	0.02	1.00	0.06	−0.23	−0.28	−0.29	0.16	0.03	−0.25	0.10	0.08	−0.11
非工业	0.14	0.12	0.06	1.00	0.22	0.23	0.23	0.17	0.88	0.23	0.64	0.48	−0.18
非居民照明	0.88	−0.01	−0.23	0.22	1.00	0.73	0.48	0.25	0.23	0.92	0.47	0.10	0.06
居民生活用电	0.79	−0.01	−0.28	0.23	0.73	1.00	0.24	0.27	0.32	0.54	0.44	0.50	0.23
农业排灌	0.46	−0.01	−0.29	0.23	0.48	0.24	1.00	−0.05	0.18	0.55	0.16	−0.04	−0.05
农业生产用电	0.42	0.04	0.16	0.17	0.25	0.27	−0.05	1.00	0.10	0.12	0.51	0.08	0.06

（续）

	城镇居民生活用电	大工业用电	大工业中小化肥	非工业	非居民照明	居民生活用电	农业排灌	农业生产用电	普通工业	商业用电	乡村居民生活用电	学校教学和学生生活用电	线损率
普通工业	0.18	0.13	0.03	0.88	0.23	0.32	0.18	0.10	1.00	0.22	0.65	0.57	-0.15
商业用电	0.81	0.00	-0.25	0.23	0.92	0.54	0.55	0.12	0.22	1.00	0.43	-0.02	-0.02
乡村居民生活用电	0.39	0.09	0.10	0.64	0.47	0.44	0.16	0.51	0.65	0.43	1.00	0.47	-0.10
学校教学和学生生活用电	0.14	0.05	0.08	0.48	0.10	0.50	-0.04	0.08	0.57	-0.02	0.47	1.00	-0.12
线损率	0.17	-0.03	-0.11	-0.18	0.06	0.23	-0.05	0.06	-0.15	-0.02	-0.10	-0.12	1.00

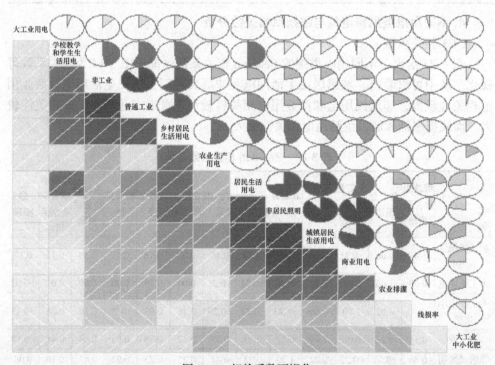

图 3-14　相关系数可视化

　　基于 A 地区 2018 年 7 月 22 日至 2018 年 11 月 30 日风力发电与线损率数据，计算两者的 Pearson 相关系数矩阵如表 3-23 所示。从中可以看出，风力发电与线损率弱相关。

表 3-23　Pearson 相关系数矩阵

	风力发电	线损率
风力发电	1	0.095455321
线损率	0.095455321	1

（2）互信息

基于 A 地区 2017 年 7 月 1 日至 2018 年 11 月 30 日不同用电类别电量与线损率数据，计算变量之间的互信息如表 3-24 所示。从中可以看出，不同用电类别电量与线损率关联性整体较小。

表 3-24　变量之间的互信息

	线损率
城镇居民生活用电	0.05
大工业用电	0.07
大工业中小化肥	0.08
非工业	0.10
非居民照明	0.04
风力发电	0.06
居民生活用电	0.09
农业排灌	0.13
农业生产用电	0.10
普通工业	0.10
商业用电	0.07
乡村居民生活用电	0.07
学校教学和学生生活用电	0.08

第4章

数据驱动下台区同期线损率 异常智能辨识方法

4.1 台区同期线损率异常波动常见情况分析及排查

线损率的波动在电网运行过程中较为常见,特别需要关注的是一些由异常引起的波动。导致线损率波动的因素有很多,部分因素可以控制,但也有部分因素难以控制,甚至是不能控制。为了使电网的运行线损率能达到或接近经济线损率,有必要对造成线损率波动的因素进行深入的研究和分析,抓住可控因素,制定对应的控制措施,对部分难以控制的因素,需设法进行变换处理,使其转化为可控因素再做处理,以达到电网最佳的降损效果。以下就从线损率异常波动的常见情况和常见排查方法入手进行分析。

4.1.1 线损率异常波动的常见情况分析

本节将结合电网的一些实际情况,对几种线损率异常波动的情况进行重点分析,并给出导致这些异常波动的主要原因。

1. 台区负线损率

异常原因分析:台区出现负线损率异常的原因通常有计划失误、安装失误、设备故障、信息管理失误几种类型。

1)计划失误包括互感器配置不合理、电能表倍率不匹配、总表前接电等。

① 造成互感器配置不合理的一个主要原因是:设计人员通常会根据变压器的容量来配置和设计电能表互感器变比,但是会出现现场运行负荷实际情况并不符合配置要求,即供电半径内的变压器的实际运行效率与设计预期差异大的情况,此时计量回路电流与电能表额定电流会有较大的差异,出现磁滞效应,这将导致电能表运行在非线性特性区间,出现供电量被少记的错误,进而出现负线损率,通常会出现处于 [-1%, 0%) 之间的稳定小负线损率。

② 电能表倍率不匹配的情况是指:安置或者更换电能表后,供电范围内售电侧或者供电侧电能表的选型出现失误,如计量精度不匹配、互感器变比倍率不匹配等异常情况,这些异常情况常会引发供电侧少计或售电侧多计等问题,最终导

致出现负线损率的情况。

③ 总表前接电是指：由于管理问题，导致在出现临时用电用户或者新用户接电后，用户接电处在总表前，且此时网架结构不合理，这些都会使得部分供电量未被计入供电总表中。出现这种情况时，通常需要排查的对象较多，且排查实际地理位置很广阔，难以找到准确的故障点，容易出现长期负线损率的情况。

2）安装失误一般是人为导致的故障。通常分为两种：供电侧电能表二次负荷较大；供电侧电能表、联合接线盒接线错误。这类故障一般是因为施工管理的问题，供电侧电能表二次负荷较大这种异常情况容易导致小负线损率的异常情况发生，而供电侧电能表、联合接线盒接线错误相比较而言则较难被排查出来，容易导致长期负线损率异常的情况。增强施工单位考核模式和施工监管力度可以有效地避免安装失误。

3）设备故障是指：设备在工作过程中，因为长期运行在非正常工作环境、元器件老化等问题，使设备不能完成某些规定功能，最终导致整个系统的运行出现故障。

注：以上故障体现在负线损率中的原因可以分为三相负荷不平衡；总表某相电流、电压异常；电能表时钟差；用户电能表故障；总表故障；故障数据补全不合格。

三相负荷不平衡和供电侧电能表某相电流、电压异常的故障成因较为相似，根本上是计量装置因为外界因素而运行在非正常的工作条件下，最终导致出现负线损率现象。

电能表时钟差、用户电能表故障、供电侧电能表故障、故障数据补全不合格等故障产生的原因主要是计量装置自身故障概率随时间变化的自然特性，如图4-1所示。

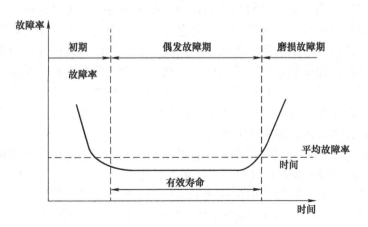

图 4-1　电子设备失效率与使用周期的关系

4）导致信息管理失误的负线损率成因有供电侧电能表互感器变更导致突发线损、供电范围内用户档案更新不及时等。

① 供电侧电能表互感器变更导致突发线损是指，因为在供电范围内的总表互感器进行更换后未及时更新系统内互感器的变比数据，使得实际变比与系统内变比之间产生差异，最终导致统计期内用电采集系统中供电量大于售电量。

② 供电范围内用户档案更新不及时是因为用户档案变更信息未及时录入系统，低压台区实际情况与系统内记录值不一致。但根据具体的情况，这又可以分为传统的现场低压负荷调整等异动引起营销、采集与现场低压台区档案不一致和新增光伏发电用户档案未接入采集两种情况。

2. 台区之间线损率"互补"

异常现象：台区的线损率连续数月异常增大，同时相邻台区的线损率明显较低，甚至出现负值，台区之间线损率呈现"此消彼长"的互补现象。

异常原因分析：在台区内公用变压器与所供用户的对应上出现错误，是因为低压载波抄表中，集中器针对相邻台区的表计会出现"穿抄"现象，通过零线等抄回表计。其主要原因是配变台区现场"变与户"对应关系不清晰，因为在城镇台区低压线路中大多采用地埋电缆，这类线路的走向较为隐蔽，且老台区原电缆有时会因为各种原因未挂标识牌或没有更新标识牌，一旦新增公用变压器各分表需要变更台区，容易因原始资料不全或电缆标识不清晰，不能够正确区分配电变压器与户表的隶属关系。

若出现营销系统未及时根据实际"变与户"变动更新相应信息的情况，营销系统保存的"变与户"对应资料会出现与实际不符的问题，而因为采集系统数据全部来源于营销系统，更会引起线损统计产生偏差。

解决方法为对线损率异常的台区开展"变与户"对应关系的检查与核对。核对营销系统台区用户信息资料与原始资料，在现场进行实际采样核对，最后在营销系统内根据现场采样结果更改用户信息。如果是现场台区"变与户"对应关系不明确，同时有线路走向不清问题，可用配变台区用户识别仪逐户与变压器进行核对，这可以更加高效地解决遗留问题。如果是没有配变用户识别仪的情况，可以根据线路走向或地下电缆标识牌的指示逐个进行排查，并使用带有载波模块的掌机抄读，在必要时使用停电法来识别解决线损率异常问题。

3. 短时间内台区线损率大幅变化

异常现象：台区内原线损率长期正常稳定，但在短时间内线损率出现较大幅度的变化，随后较长时期内又在某一值附近徘徊。

异常原因分析：引发短时间内线损率较大幅度变化的原因有"变与户"不对应，抄表质量低下，季节性用电及临时用电，追补电量，用户窃电，公用台变总表与分表及 TA 错误接线或故障，表计及更换后当月用电量没有进入台区线损率报表统计，因负荷上升 TA 配置欠合理引发计量失准，公用变压器低压总表、错误接线或故障造成计量不正确等。其中又以公用变压器低压总表、错误接线或故障造成计量不正确的原因最为常见。

解决方法：可以根据线损率的具体变化趋势来查找原因。

当线损率出现大幅增加的趋势时，应考虑以下几种情况：①是否有临时性、紧急性用电电量未计入台区；②是否存在窃电现象；③抄表是否到位；④台区内用户供电线路三相是否平衡。

如果是线损率大幅下降的情况，应该检查电量情况，查看是否有临时性追补电量及囤积电量进入。在排除以上情况后，需重点检查公用台变总表和用户的表计与 TA 运行情况，查看是否存在线损率随后较长时期在某一值附近徘徊的现象，查看有无表计、TA 接线错误和故障。

除此之外，表计、TA 轮换后的二三个月内也会引起台区线损率较大幅度波动，通常在表计全部轮换约一个月后，台区线损率才能恢复稳定。应注意区分这类正常原因导致的线损率波动与其他因素导致的线损率波动，在查找线损率异常原因时应仔细鉴别。

4. 台区线损率长期不明原因偏高

异常原因分析：在排除常见增损因素的情况后，这种异常情况通常是由变压器三相负荷不平衡所导致的。

当三相四线制供电模式在每相负荷相同的理想平衡条件下中性线电流为零时，线损率为最佳状态。在实际中，由于台区供电线路用电负荷变化的不确定性，中性线电流不可能为零，也正因为如此，中性线上线损也应被重视。

随着城乡生活、生产用电量进一步增加，台区变压器三相负荷不平衡这一增损因素被人们越来越重视。台区中性线电流偏大的现象较为普遍，三相负荷不平衡导致公用变压器偏离经济运行区运行的情况也时有发生，因此，需要适时合理调整每相负荷，改善线路技术状况，实现三相负荷就地平衡降损。

对于装有配变低压侧网络表的台区，可在负荷控制管理系统通过配变运行记录检查配变三相负荷实时分布。可在用电低谷、用电增长区、用电高峰三个不同时间段测量低压三相四线各进线电流和低压三相四线各出线电流，测量中性线对地电压及中性线电流，并以用电高峰时段的三相负荷分布为基准，从而进行负荷实测加以确认。

5. 台区线损率过高

异常原因分析：当用户电能表负误差、用户窃电、电网元件漏电或抄核差错过大时，都会导致该台区线损电量明显增大。

除此之外，引发台区线损率过高的原因还有营销与公用变压器对应关系错误，台区存在户表采集缺失的现象，考核表故障、错接线、逻辑地址对应错误，现场 TA 倍率与系统不符以及配电变压器与表计对应关系错误等。

解决方法：当出现此类故障时，应检查以下几方面：检查营销与公用变压器对应关系是否正确。查询该台区是否存在户表采集缺失，若存在采集缺失，可通过营销系统查询采集缺失表计所用电量并进行线损估算，若正常，可确定线损率过高原因为户表采集问题。进行现场核查，检查关口考核表、接线、逻辑地址及 TA 倍率，判断是否存在考核表故障、错接线、逻辑地址对应错误、TA 倍率现场与系统不对应等现象，并按下式进行线损率估算：

$$L' = \frac{P_k \times \dfrac{c'}{c} - P_t}{P_k \times \dfrac{c'}{c}} \times 100\% \qquad (4\text{-}1)$$

式中，c' 为现场 TA 倍率；c 为系统 TA 倍率。

线损率正常可确定台区线损率过高的原因是现场 TA 倍率与系统不符，排除考核表计量原因后，可确认台区线损率过高原因为配电变压器与表计对应关系错误。

用户用电量与用户电量误差存在着线性关系，在排除其他因素或用户用电误差远大于其他因素产生的电量损失的情况下，台区线损与用户用电量也存在着线性关系，可用皮尔逊相关系数作为衡量两个变量之间线性关系的度量值。

将一段时间以来台区线损电量与台区下各个用户的数据进行皮尔逊相关系数计算后，找出相关系数特别大的用户，将其作为疑似问题进行重点检查，往往可以快速查找出该台区下的问题表计。

4.1.2 台区线损率异常波动常见排查手段

台区同期线损异常分析处理的基本方法主要包括系统诊断、人工研判、现场排查、采集排查、窃电及违约用电排查和常态运行监控六种。

1. 系统诊断

通过用电信息采集系统（简称用采系统）、营销业务应用系统（简称营销系统）、设备（资产）运维精益管理系统（简称 PMS）等进行高损、负损台区异常诊断分析，实现线损异常原因精准定位，为台区同期线损监测人员提供必要的监测手段，为台区责任人现场开展综合整治提供参考依据，提升线损异常处理效率。

（1）档案分析

1）台户关系一致性分析：通过营销系统基础数据平台，按照营配调贯通建模原则，开展营配调贯通、营销系统、采集系统台户关系一致性比对，分析台区下采集点、电源点与台户关系一致性情况。

2）台区总表综合倍率一致性分析：通过数据抽取方式，开展营配调贯通、PMS 系统、营销系统、采集系统台区总表倍率一致性分析，并分析倍率值在不同计算周期内是否有变化。

3）用户电能表倍率一致性分析：通过数据抽取方式，开展营配调贯通、营销系统、采集系统中的用户电能表倍率的一致性比对，并分析倍率值在不同计算周期内是否有变化。

4）用户计量点状态分析：核对营销系统中用户的计量状态，确保在运，及时处理台区下销户在途流程，避免因采集失败不能及时补录电能表电能示值，最终导致台区线损率过高的异常情况出现。

5）台区总表倍率配置合理性分析：判断台区总表所配互感器倍率是否合理，倍率应该在配电变压器容量值的 1.1~ 1.7 倍之间，或者满足正常运行负荷电流不少于额定值的 30% 这一条件。

6）台区线损模型分析：在台区线损建模原则基础上主要分析单集中器台区线损模型中存在多供入电量；台区是否安装台区总表、台区下无用户电能表；台区状态不为运行、台区属性为专用变压器；台区总表计量点用途状态不为台区供电考核、计量点状态不为在用，低压用户计量点主用途类型不为售电侧结算、计量点状态不为在用、计量点级数不为 1 级等。

（2）采集数据分析

1）台区总表数据分析：通过采集系统分析台区总表连续 7 天无表码、倒走、飞走、停走、三相电流不平衡、失压、断相、逆相序、电能表故障更换、异常开盖事件，确定台区线损异常原因。

2）用户电能表数据分析：采集系统自动分析台区用户电能表是否存在连续 7 天无表码、倒走、飞走、停走、故障更换、异常开盖事件等情况，确定台区线损异常原因。

3）时钟分析：统计分析总、分表与日历时钟偏差、台区总表时钟与台区下用户电能表时钟偏差情况，是否存在电能表时钟超偏差，导致采集数据异常，确定台区线损异常原因。

4）集中器与主站参数一致性分析：比对分析主站与集中器参数设置是否一致，分析参数设置差异情况，确定是否影响台区线损计算。

5）采集异常分析：分析台区总表通信端口设置情况，台区总表采用 RS485 方式进行通信，采集系统中通信端口是否设置为 2；分析用户电能表通信端口设置情况，系统与现场序号是否一致、系统与现场规约是否一致、系统与现场通信地址是否一致、系统中通信端口是否设置为 31。

2. 人工研判

（1）负荷电量分析

在采集系统中查询台区总表、台区内用户电能表的日冻结电能示值，同时分析电量突增、突减时间点，并结合用户历史用电趋势，分析是否符合实际用电情况，剔除错误数据，避免因系统或电能表异常引起电量突变，造成台区线损异常。

（2）电能表电压、电流曲线分析

1）在采集系统中召测电能表 A、B、C 三相电压数据，查询是否有失压、断相、逆相序等情况，判断线损异常原因。

2）在采集系统中召测电能表数据，A、B、C 三相电压／电流／零序电流／视在功率，直看三相电流是否有失流情况，并查看用户正向有功最大需量值与用电量是否有明显不匹配的情况。

3）在采集系统召测台区总表三相功率因数，若两相功率因数偏低，可能存在跨相等接线错误问题；若相功率因数偏低，可能存在接线错误。

（3）窃电研判

1）在采集系统中召测单相电能表相电流及中性线电流数据，核对电流值是否一致，从而避免出现一线一地窃电情况。

2）定期跟踪窃电用户的后续用电情况，对用电量进行比对分析，避免出现反复窃电情况。

3）定期梳理营销系统中电量为零的用户，分析比对近期用户用电量情况，并在采集系统中进行召测，避免出现因系统原因造成用户用电量为零的情况。

4）在采集系统中召测电能表电压、电流曲线电能量示值数据，查看三相电流曲线是否有断续情况，并判断是否符合实际用电规律，确定用户是否存在窃电嫌疑。

5）分析电能表总示数不等于各费率之和情况、电量为零但功率不为零、电费剩余金额与购电记录严重不符、电流不平衡超阈值、电压不平衡超阈值、功率全部为零、用电负荷超容量、总功率不等于各相功率之和、电量曲线有负值、功率曲线有负值、电能表中性线与相线反接等其他情况。

（4）数据分析

1）异常用电情况分析：对电能表开盖事件记录进行分析时，可结合异常时间长短、频次以及最后一次异常记录前后的用电量变化情况分析，排除因电能表质量原因而造成的开盖误动。对停电事件记录进行分析时，结合该台区其他用户电能表类似时间段的停电记录事件，进行佐证分析判断。

2）电量比对分析：通过对台区历史线损合理期间用户用电量与当前线损率突增期间用户用电量进行比对分析，对出现电量差异大，如突然出现零度户、电能表示值不平、电能表反向电量异常等异常情况的重点用户进行监控分析，确定台区线损异常原因。

3）相邻台区用电量情况分析：结合高损台区用电量发生时间，对地理位置相邻台区用电量情况进行同期比对分析，核查是否存在跨台区隐蔽窃电现象。对电能表费率设置异常、电费剩余金额异常的用户，结合用户购电次数、时间及现场，综合判断是否存在窃电现象。

3. 现场排查

（1）台区总表排查

外观检查：检查台区总表液晶显示屏上显示的实时电压数值、电流数值、电压电流相位角及功率因数。

仪器检查：利用相角仪、钳形电流表测量/检测是否存在计量装置故障、接线错误及接线不良等情况。

（2）互感器运行情况排查

外观检查：检查互感器接线是否正常，互感器外观是否有裂痕、烧毁现象。接线检测：对三相不平衡、失压、断相、逆相序现象进行仪器检测，包括用钳形电流表分别测量三相低压一次电流（每相测量时，应对所有出线测量后相加），并查看台区总表表计显示的二次电流，其换算是否与现场、各系统综合倍率一致。检查分相互感器的倍率是否一致、精度是否达到 0.5S 级。若是穿心式互感器，则要核对穿心匝数与铭牌倍率匝数标识是否一致，并确认与各系统综合倍率一致。

（3）电压回路熔丝或小开关故障排查

检查台区总表表箱中联合接线盒是否有电压回路熔丝或小开关处于闭合状态（熔丝的缺失和卡扣松动、损坏会导致计量断相）。如果发生电压回路三相熔丝同时故障或小开关损坏、跳闸的异常情况，会导致出现台区总表失电的故障情况，造成供电量少计错误。

（4）台户关系排查

针对线损异常台区，具备现场排查台户关系条件的，应对台区内所有用户逐一进行梳理，如遇到跨台区用户或采集关系不对应的用户，应按实际归属关系进行调整，并监测调整台户关系后的台区线损率情况。排查台户关系可辅助运用台区识别仪等仪器设备，下行载波方式采集的居民用户需测到每个集中器位置，下行总线方式采集的居民用户需测到每一路进线，非居民用户应测到每个表位。

（5）单相电能表排查

外观检查：表箱有无人为破坏、电能表显示是否黑屏、有无报警、封印有无拆封痕迹，表前是否存在跨越供电，中性线与相线是否接反。

接线检测：系统发现有开盖记录、零度户等异常电能表，应用万用表、钳形电流表测量所获得的电压、电流数据，与电能表显示的电压数值、电流数值、电压电流相位角及功率因数进行比对、判断。

中性线检测：排查是否存在一相线一中性线用电情况。对于单相电能表、三相电能表同时入户的用户，在其户内将两块电能表的中性线与相线串用，造成电能表不计或少计。

其他信息核对：核对电能表的表号、地址、表计现场示值是否与系统一致。

（6）三相电能表排查

外观检查：表箱有无人为破坏、电能表显示是否黑屏、有无报警、封印有无拆封痕迹，表前是否存在跨越供电。

接线检测：对系统有开盖记录、零度户等异常电能表，或存在三相不平衡、失压、断相、逆相序现象，检查电压线是否存在虚接，造成一相或多相无电压；检查电压线、电流线是否相序接反、电流电压不同相，进出线反接，中性线与相线不接表、电压回路接线不可靠、互感器二次线经接线盒后压片应打开的未打开、应短接的未短接，电流回路接入其他用电，造成人为分流等现象。

中性线检测：是否虚接、电阻是否正常。

其他信息核对：核对电能表的表号、地址、表计现场示值是否与系统一致。

（7）技术线损排查

台区技术线损过大的主要表现为：台区供电半径超过 500m、配电变压器未设置在负荷中心、低压线路线径过小、配电变压器出口功率因数低于 0.95、三相负荷不平衡、配电变压器长期处于轻负荷或过负荷运行、线路电压过低、低压配电网线路漏电等。

对于这种问题，可使用地理信息系统（GIS）查询台区半径与电源设置位置、核查配电变压器出口地线电流值是否过大，现场检查或依据采集系统监测相线与中性线电流，判断配电变压器三相负荷是否平衡，比对采集系统监测到的配电变压器负荷和额定容量，依据采集系统监测配电变压器功率因数是否正常等，进行技术线损原因判断，并采取针对性的整改措施。

（8）其他情况排查

1）电能表显示逆相序。台区总表经互感器接入，接线正确情况下代表实际相序，但是如果在接线错误时这不代表真实逆相序，也可借助仪器判断接线正确性。同时检查电能表象限指示闪烁符号，若不存在反向送电可能的，电能表象限指示闪烁符号应出现在Ⅰ、Ⅳ象限；若在Ⅱ、Ⅲ象限出现闪烁符号，则可判断接线错误。

2）检查台区总表前是否存在跨越供电、地理位置比邻台区是否存在低压联络供电情况、台区是否存在漏电现象等，对影响线损的树木、拆迁后无负荷线路和老旧计量装置进行拆除。

4. 采集排查

（1）集中器排查

外观检查：查看集中器是否正常运行，三相电源是否正确接入。查看无线公网信号强度，如集中器上行信号不良，适当调整天线或集中器位置，保证信号强度。集中器屏幕、路由模块、通信模块显示不正常的，需联系厂家进行处理。

参数设置检查：查看集中器中终端地址、接入点（APN）、区划码等档案信息设置是否正确，如无档案或档案信息不全，从主站重新下发档案。

上行通信模块检查：如上行通信模块损坏，则及时更换通信模块。

载波模块检查：如载波模块损坏，则更换载波模块。

（2）采集器排查

外观检查：通过采集器的状态指示灯来初步判断采集器是否正常运行，如果采集器出现故障，则必须更换采集器。运行灯为红色灯，表示采集器正在运行；常灭，表示未上电。状态灯为红绿双色灯，红灯闪烁，表示 RS485 通信正常；绿灯闪烁，表示载波通信正常。

（3）电能表排查

时钟检查：检查电能表显示屏上日期、时间、表号是否正确，电能表时钟偏差过大时，集中器将无法采集该表中已被冻结的数据，需及时对时或更换电能表；已经故障的电能表和非智能电能表，需及时换表。

接线排查：排查采集器 RS485 通信线和电能表接线是否有松动虚接、断路和短路情况，RS485 线路正常的情况下通过测试电能表 RS485 端口电压判断故障类型。

电能表模块排查：检查现场电能表模块是否存在故障、是否与集中器模块一致，避免电能表数据采集不成功。模块种类一般分为窄带载波模块、宽带载波模块、无线微功率模块等，目前仅无线微功率模块具备互联互通功能，载波模块则需要在同一台区内使用同品牌和规格的模块。

（4）其他方面排查

以上均无异常，确认失败表和集中器安装位置，判断是否为跨台区、集中器安装位置不佳等问题。对于波动或者整栋楼经常采集失败的情况，可尝试加装采集器或其他中继设备。

5. 窃电及违约用电排查

（1）常见的窃电现象

常见的窃电现象有私拉接线、绕过电能表计费的用电、私开电能表接线盒、破坏电能表计量设备等。主要的排查方法如下：

1）核实营销系统中用户电能表的表号、制造厂家、电流、电压以及倍率等信息与现场电能表的信息是否相符。

2）检查表箱、联合接线盒等计量装置及电能表的外观、封印是否完好、正确，若表计封印有伪造的可能，应鉴定封印的真伪，并使用测试设备对电能表进行现场检定。

3）查看电能表脉冲指示灯的闪烁情况。

4）对于单相电能表，可用钳形电流表检查相线、中性线电流是否一致及电流值是否正常。

（2）技术窃电

像使用倒表器窃电、使用移相方式窃电、使用有线或无线遥控方式窃电等窃电手法都是利用电能表的工作原理，通过改变电流、电压、相位等三个方面的参数，分别采取断流、欠流、失压以及通过移相或改变接线等方式达到窃电目的。此类窃电方式非常隐蔽，难以发现。

针对此类问题，可对采集系统采集到的电能表各类事件进行分析，如分析电能表停电事件、电能表开表盖或端钮盖事件、失压与失流事件等，同时结合用户用电性质、用电设备数量等开展窃电行为排查。

在定位间歇性窃电用户时，可在采集系统中进行如下的分析操作：首先以本月用电天数 5~15 天的过滤条件查找出台区下所有的用户。继续筛选出上月抄表成功天数大于 28 天的、上月用电天数 5~15 天的用户。对于从台区筛选出的用户，打开用户负荷曲线图，再看该用户近三个月用电量的线图，如果出现用电量规律性变化的，且该用户近期的曲线处于偏差状态，则判断为窃电嫌疑用户。

（3）台区漏电

核对台区总漏电保护器是否退出运行或未配置。当低压公网线路未改造，或者说裸导线时，若出现相线漏电现象，因为台区总表准确计量漏电量，这会造成高损。此类现象大多发生在农网未改造线路的台区、漏电障碍因素多的台区，可用钳形电流表测量台区低压进线（或出线）电缆（或变压器中性点接地扁铁）的电流，用大卡口钳形电流表直接卡在导线上（不是电缆的相线），如果发现有电流，就说明有漏电现象发生，直接造成了高损，需要进行漏电故障排除。

（4）中性线与相线反接

用户电能表后线路漏电或用户采用一相线一中性线窃电，或采用和邻居共用中性线窃电，用户电能表不计量，但台区总表准确计量，造成高损。

这种高损现象通常有着较强的隐蔽性，容易被忽略，除非在现场，否则不容易被发现。在判断是否存在漏电现象时，因为受到用户用电时间因素的影响，需要注意在用户不用电时可能无法测出存在漏电电流。

（5）变压器中性点接地电阻不合格

变压器中性点接地电阻不合格时，若发生漏电故障情况，会造成台区高损情况，同时还会造成台区表箱、构架、接地极因接地电阻分压而带电，从而产生安全隐患。

（6）台区小电量和自用电无表用户排查

配电房中照明、直流屏等设备无表用电，交通信号灯、路灯、公安监控探头、广电信号放大器、电信网络设备、广告灯、书报亭、福利彩票亭、电话亭、公共厕所、公交站亭、泛光照明、景观灯、小区内户外用电设备等用电，由于点多、面广且用电量小，一一装表计量是不太现实的。采集系统统计线损时未计入此类用户用电量，且无法及时发现用户私自增容用电，这种情况更容易导致线损异常。

可对未装表的用户记录其地理位置、户名、总容量、设备类型、数量，然后统一进行装表计量。这种方法可以有效防止该类新增用户无表用电，及时发现窃电、违约用电行为。

6. 常态运行监控

（1）监控电能表数据采集失败情况

对台区下采集失败的电能表，根据采集运维管理要求，对引起采集失败的原因进行分析，并派发采集运维闭环管理工单进行处理。

（2）监控远程通信情况

远程通信信号或者是通信信号可能因为现场环境而出现不稳定甚至消失的情况，而采用更换 SIM 卡运营商、加装信号放大器、加装信号转换设备等措施可以有效避免这种异常情况。

（3）监控本地通信情况

确认现场是否存在电能表失电、时钟异常、电池欠压等情况，如果出现以上情况，需要更换电能表才能消缺。而对于采集本身的问题，需要定位到通信的薄弱环节再消缺，如某一个楼层安装的电能表在本地通信出现 RS485 通信断路、采集器接线错误、载波跨台区抄表、抄表通信链路过长等问题。

（4）监控集中器的安装位置

纯架空线台区集中器移到台区线路中心；纯地缆线台区集中器移到台区总表位置；若是地缆线台区仅分出一股地缆线，还需按照架空线台区处理；若是地缆线和架空线混合，根据 PMS 系统数据选择合适的中心位置。对于集中器安装位置不佳的，还可在分支节点按照"一层一采"方式加装采集器，或根据台区拓扑和现场环境决定采集器加装位置和数量。

（5）监控采集数据异常情况

在排查因集中器、电能表而导致采集数据异常的问题时，要通过分析集中器和电能表两方面确认。

若是因集中器问题导致采集数据异常，需对集中器升级或者采取更换的方式解决；若是因电能表过于老旧、时钟异常、存储异常等导致采集数据异常，可采取更换电能表的方式解决。采集数据异常主要表现为采集系统内的采集数据项不完整和数据突变。

4.2 数据驱动下台区同期线损率异常智能辨识方法

配电台区同期线损率的异常查找，通常是由运维人员通过定期排查，翻看历史台区的线损曲线，对比线损率等手段进行分析，不但排查过程工作量大，而且部分线损异常不易发现。因此，如果能对台区同期线损率的异常进行智能辨识将能大量节省运维人员的工作时间，并提高查找的精度和准确性。但同期线损异常辨识的框架和流程较难搭建，涉及在不同用户负荷特性的场景下如何建立异常判断标准，如何利用现有的人工经验指导辨识，如何关联台区线损异常和用户线损异常间的内在联系等问题，因此，构建一个配电台区同期线损率异常的智能辨识框架，实现对不同负荷特征场景下的台区线损率异常进行自动辨识非常必要。

4.2.1 数据挖掘常用方法

1. 主成分分析

使用主成分分析法的目标是在保证数据信息丢失最小的前提下，经过线性变换和舍弃小部分信息后，能够使用少数的综合变量来取代原始采用的多维变量。

主成分分析法指的是新的变量也就是主成分在经过恰当的数学变换后成为原变量的线性组合，同时选取少数几个在变差总信息量中比例较大的主成分用来分析事物的一种方法。主成分在变差信息量中的比例随它在综合评价中的作用而变大。主成分分析中是根据方差大小来依次排列各主成分的，也就是说第一主成分代表的变差信息量最多，其余依次次之。在面对实际问题时，可以选取前面几个主成分来代表原变量的变差信息，从而减少工作量。

主成分分析法的优点如下：①可消除评价指标之间的相关影响，因为主成分分析在对原指标变量进行变换后形成了彼此相互独立的主成分，而且实践证明指标间相关程度越高，主成分分析效果越好。②可减少指标选择的工作量，对于其他评价方法，由于难以消除评价指标间的相关影响，故选择指标时要花费不少精力，而主成分分析由于可以消除这种相关影响，故在指标选择上相对容易些。③主成分分析中各主成分是按方差大小依次排列顺序的，在分析问题时，可以舍弃一部分主成分，只取前后方差较大的几个主成分来代表原变量，从而减少了计算工作量。

2. 关联分析

数据关联是数据库中存在的一类重要的可被发现的知识。若两个或多个变量的取值之间存在某种规律性，就称为关联。关联可分为简单关联、时序关联、因果关联。关联分析的目的是找出数据库中隐藏的关联网。关联分析通常应用在属性项不多的情况下，从整体数据中挖掘潜在关联。有时并不知道数据库中数据的关联函数，即使知道也是不确定的，因此关联分析生成的规则带有可信度。关联分析是数据挖掘中一项基础又重要的技术，是一种在大型数据库中发现变量之间有趣关系的方法。

灰色系统理论提供了崭新的统计分析方法——灰色关联分析（GRA）。GRA是一种用灰色关联度顺序 [称为灰关联序（GRO）] 来描述因素间关系的强弱、大小、次序的。其基本思想是：将因素的数据列为依据，用数学的方法研究因素间的几何对应关系。GRA 实际上也是动态指标的量化分析，充分体现了动态意义。

3. 聚类分析

将物理或抽象对象的集合分组成为由类似的对象组成的多个类的过程被称为聚类。由聚类所生成的簇是一组数据对象的集合，这些对象与同一个簇中的对象彼此相似，与其他簇中的对象相异。相异度是根据描述对象的隶属值来计算的，距离是经常采用的度量方式。

随着用电信息采集系统的日益完善，用户大量的用电数据可以被采集到，因此选择的聚类方法，要求不仅在信息量不大时能够快速准确地聚类，更重要的是能够适应数据量增大的需求，能够及时快速地输出聚类结果。由于 K-means 算法可以处理大数据集，具有很好的可伸缩性和很高的效率，简单快速，能够适应数据量增长的实时处理的需求，广泛地运用在大规模数据聚类中。

4.2.2　缺失数据的处理方法

随着电网的不断发展，电网规模逐年增加，在线损计算和分析的过程中，数据的准确性和完整性对计算的准确性尤为重要，但随着采集数据量成指数级的增长，因为人工录入、采集装置故障导致的电压数据缺失问题时有发生，所以需要对缺失数据进行辨识或补全。传统最大期望值（Expectation Maximization，EM）算法、K 邻近（K Nearest Neighbor，KNN）算法等都提供了解决思路，但是由于较少利用历史数据作为分析依据，故填补效果并不理想。近年来，世界各国掀起了大数据的研究热潮，并取得了较好的效果。为此，本节基于历史数据的挖掘和分析，提出了一种基于历史数据辅助场景分析的线损计算缺失数据填补方法，进一步提高缺失数据的填补精度，满足线损计算和分析的精度需求。

图 4-2 给出了基于历史数据辅助场景分析的线损计算缺失数据填补方法的总流程图，具体步骤如下：

步骤 1. 获取电网的历史数据，进入步骤 2。

步骤 2. 通过波动互相关分析算法计算相同时间各已知属性数据与缺失属性数据的波动互相关系数，进入步骤 3。

波动互相关系数的计算过程如图 4-3 所示。

具体步骤如下：

1）对于两个等长的时间序列 x_i 和 y_i，其中 $i = 1, 2, \cdots, N$。

2）计算 x_i、y_i 与平均值的差之和：

$$\Delta x(l) = \sum_{i=1}^{l} (x_i - \bar{x}), l = 1, 2, \cdots, N$$

$$\Delta y(l) = \sum_{i=1}^{l} (y_i - \bar{y}), l = 1, 2, \cdots, N$$

（4-2）

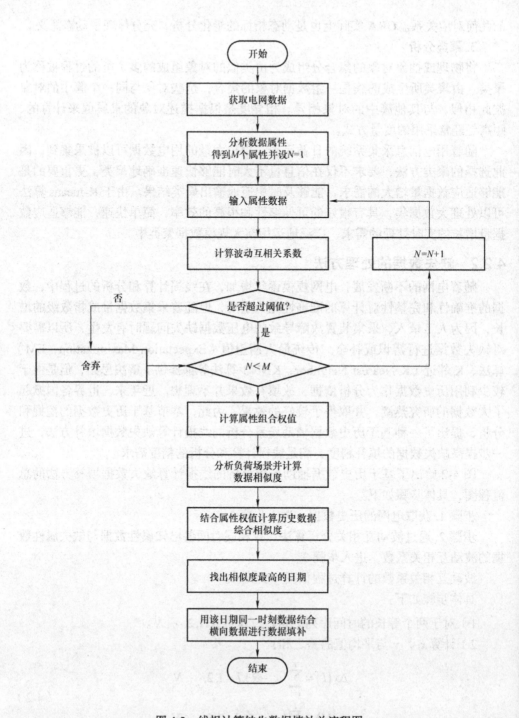

图 4-2　线损计算缺失数据填补总流程图

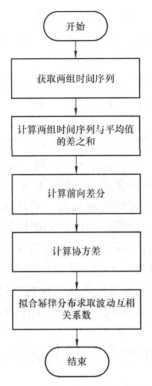

图 4-3　波动互相关算法流程图

式中，l 为采样长度；$\Delta x(l)$、$\Delta y(l)$ 分别为 x_i 和 y_i 在采样长度 l 下与平均值的差之和；$\bar{x}$ 和 $\bar{y}$ 分别为 x_i 和 y_i 的平均值。

3）计算分别代表 x_i、y_i 自相关性的前向差分：

$$\Delta x(l,l_0) = x(l_0+l) - x(l_0), l_0 = 1,2,\cdots,N-l$$
$$\Delta y(l,l_0) = y(l_0+l) - y(l_0), l_0 = 1,2,\cdots,N-l \tag{4-3}$$

式中，$l = 1,2,\cdots,N-1$，对于每一个取样时间段 l，都有 $l_0 = N-l$ 个差值；$\Delta x(l,l_0)$、$\Delta y(l,l_0)$ 分别为 x_i 和 y_i 的自相关性的前向差分。

4）计算 x_i、y_i 的协方差：

$$Cov_{xy}(l) = \sqrt{\overline{\left[\Delta x(l,l_0) - \overline{\Delta x(l,l_0)}\right] \times \left[\Delta y(l,l_0) - \overline{\Delta y(l,l_0)}\right]}} \tag{4-4}$$

$$\overline{\Delta x(l,l_0)} = \frac{1}{N-l}\sum_{l_0}^{N-l}\Delta x(l,l_0)$$
$$\overline{\Delta y(l,l_0)} = \frac{1}{N-l}\sum_{l_0}^{N-l}\Delta y(l,l_0) \tag{4-5}$$

式中，$Cov_{xy}(l)$ 为 x_i 和 y_i 的协方差；$\overline{\bullet}$ 为 $\bullet$ 的平均。

5）计算 x_i、y_i 的波动互相关系数：若 x_i、y_i 存在一定的关联性，则 $Cov_{xy}(l)$ 满足幂律分布 $Cov(l) \sim m^{h_{xy}}$。其中 h_{xy} 表示 x_i 和 y_i 相关程度，即波动相关系数，通过拟合幂律分布得到波动相关系数 h_{xy}。当 $h_{xy}=0$ 时，表示 x_i 和 y_i 不相关；当 $h_{xy}>0$ 时，表示 x_i 和 y_i 正相关；当 $h_{xy}<0$ 时，表示 x_i 和 y_i 负相关。h_{xy} 值越大，表示 x_i 和 y_i 的相关程度越高。

步骤3. 若某已知属性数据与该缺失属性数据的波动互相关系数超过比较阈值，则保留该已知属性数据，进入步骤4；否则，舍弃该已知属性数据。

考虑到属性数据较多，为避免相关性较低的属性数据影响缺失属性数据填补结果，因此设定波动互相关系数的比较阈值，若已知属性数据与缺失属性数据的波动互相关系数低于比较阈值，则认为该已知属性数据参考价值较低或无参考价值并舍弃。经比较阈值判定后，剩余 M 个属性数据，对应的属性称为 M 个 $Know$ 属性，对这 M 个 $Know$ 属性从 $1 \sim M$ 进行编号。

步骤4. 将保留下的 M 个已知属性数据对应的属性称为 $Know$ 属性，将缺失属性数据对应的属性称为 $Unknow$ 属性，分别计算各 $Know$ 属性与 $Unknow$ 属性的组合权值。

$Know$ 属性 j 与 $Unknow$ 属性的组合权值 w_j 通过下式计算：

$$w_j = \frac{c_j}{\sum\limits_{j=1}^{M} c_j}$$

$$\sum_{j=1}^{M} w_j = 1$$

（4-6）

式中，M 为 $Know$ 属性的数量（也即保留下的已知属性数据对应的属性的数量）；$j=1,2,\cdots,M$；c_j 为 $Know$ 属性 j 与 $Unknow$ 属性的波动相关系数（也即 $Know$ 属性 j 对应的已知属性数据与 $Unknow$ 属性对应的未知属性数据的波动相关系数）。

步骤5. 对含 $Unknow$ 属性的日期进行场景分析，并在电网的历史数据中寻找 H 个最相似场景的日期；将含 $Unknow$ 属性的日期称为缺失日期，将寻找到的 H 个最相似场景的日期称为 H 个相似日期。

场景分析的具体步骤如下：

1）根据日负荷情况对电网的历史数据进行场景分类，输入含 $Unknow$ 属性的日期并分析日负荷情况。考虑到历史数据体量巨大，价值密度低，如果遍历历史数据，则效率低下，收效甚微，因此进行日负荷情况分析，即对场景进行判断，归类到工作日、一般休息日和特殊节假日。

2）判断该日期的场景是否为休息日：若是休息日，则认定该日期的场景为工作日，进入步骤 4)；否则进入步骤 3)。

3) 判断该日期的场景是否为特殊节假日：若是特殊节假日，则认定该日期的场景为特殊节假日，进入步骤 4)；否则认定该日期的场景为一般休息日，进入步骤 4)。

4) 在电网的历史数据中寻找 H 个最相似场景的日期，即寻找 H 个休息日、特殊节假日或一般休息日。

说明：周一至周五或其他因节假日调休的日期为工作日；普通周六、周日为一般休息日；类似元旦、春节、清明节、劳动节、端午节、中秋节、国庆节等其他国家规定法定节假日为特殊节假日。

图 4-4 给出了场景分析过程的流程图。

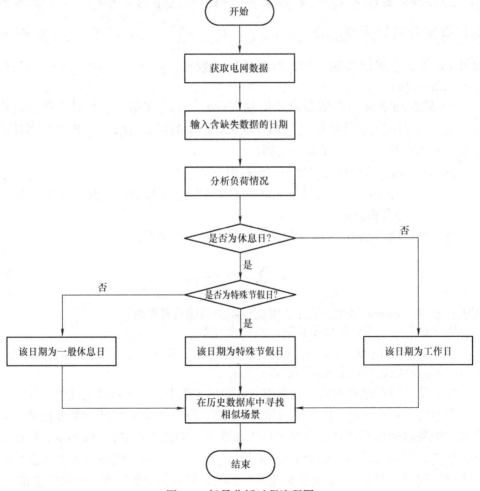

图 4-4　场景分析过程流程图

步骤 6. 先确定缺失属性数据在缺失日期中的时间段，再对每一个相似日期的相同时间段，通过动态时间弯曲距离来衡量缺失日期的各 Know 属性数据与各相似日期的各 Know 属性数据的相似度。

相似度计算包括的主要步骤如下：

1）由于动态时间弯曲距离是用于衡量两个时间序列的相似程度，而我们缺失的是某一时刻的数据，设缺失属性数据发生的时刻为 t_n 时刻，在 t_n 时刻向后选取 n 个时间点（即 $t_{n+1}, t_{n+2}, \cdots, t_{2n}$），在 t_n 时刻向前选取 n 个时间点（即 $t_{n-1}, t_{n-2}, \cdots, t_0$），最后形成缺失属性数据在缺失日期中的时间段 (t_0, t_{2n})，包含 $t_0, t_1, t_2, \cdots, t_{2n}$ 共 $2n+1$ 个时间点。设经过比较阈值判断筛选后保留下的 M 个 Know 属性记为 $A_1, A_2, \cdots, A_M$，Unknow 属性记为 A_0。

2）Know 属性 $A_1, A_2, \cdots, A_M$ 在第 h 个相似日期中的第 $t_0, t_1, t_2, \cdots, t_{2n}$ 时刻的属性数据分别记为 $D_{(1,h)}, D_{(2,h)}, \cdots D_{(M,h)}$，$D_{(j,h)} = \sum_{g=0}^{2n} d_{(j,h,g)}$，其中 $d_{(j,h,g)}$ 为 Know 属性 j 在第 h 个相似日期中的 t_g 时刻的属性数据，$j = 1, 2, \cdots, M$，$h = 1, 2, \cdots, H$，$g = 0, 1, 2, \cdots, 2n$。

3）通过动态时间弯曲距离来衡量 Know 属性 A_j 在第 h 个相似日期中的第 $t_0, t_1, t_2, \cdots, t_{2n}$ 时刻的属性数据 $D_{(j,h)}$ 与在缺失日期中的第 $t_0, t_1, t_2, \cdots, t_{2n}$ 时刻的属性数据 $D_{(j,p)}$ 的相似度 $S_{(j,h)}$，p 为缺失日期。

图 4-5 给出了相似度计算过程的流程图。

步骤 7. 结合各 Know 属性与 Unknow 属性的组合权值，计算各相似日期的 Unknow 属性综合相似度。

各相似日期的 Unknow 属性综合相似度通过下式计算：

$$C_h = \sum_{j=1}^{M} \sum_{h=1}^{H} w_j \times S_{(j,h)} \tag{4-7}$$

式中，C_h 为 Unknow 属性在第 h 个相似日期中的综合相似度。

图 4-6 给出了综合相似度计算过程的流程图。

步骤 8. 寻找出 Unknow 属性综合相似度最高的日期，并用该日期同一时刻的数据结合横向数据进行缺失属性数据的填补。

缺失属性数据填补策略充分利用了纵向历史数据，考虑到缺失属性数据不仅与纵向历史数据有关联，同时也与横向历史数据有关联，故而将两类数据结合而得到的缺失属性数据填补值将更加接近真实值。因此，在寻找出 Unknow 属性综合相似度最高的日期后，提取 Unknow 属性在该日期 t_n 时刻的数据 T_1 作为纵向填补数据；同时，对 Unknow 属性采用曲线的线性拟合找出该日期 t_n 时刻的数据 T_2 作为横向填补数据，给出缺失属性数据的最终填补值的公式如下：

含缺失数据日期 p

具体数据属性 \ 时刻	t_0	...	t_{n-1}	t_n	t_{n+1}	...	t_{2n}
A_0	$d_{(0,p,0)}$	...	$d_{(0,p,n-1)}$	缺失数据	$d_{(0,p,n+1)}$	...	$d_{(0,p,2n)}$
A_1	$d_{(1,p,0)}$	...	$d_{(1,p,n-1)}$	$d_{(1,p,n)}$	$d_{(1,p,n+1)}$	...	$d_{(1,p,2n)}$
A_2	$d_{(2,p,0)}$	...	$d_{(2,p,n-1)}$	$d_{(2,p,n)}$	$d_{(2,p,n+1)}$	...	$d_{(2,p,2n)}$
...	...	...	...	...	...	...	...
A_M	$d_{(M,p,0)}$	...	$d_{(M,p,n-1)}$	$d_{(M,p,n)}$	$d_{(M,p,n+1)}$	...	$d_{(M,p,2n)}$

利用动态时间弯曲距离计算相似度 $S_{(1,h)}$

利用动态时间弯曲距离计算相似度 $S_{(2,h)}$

相似场景日期 h

具体数据属性 \ 时刻	t_0	...	t_{n-1}	t_n	t_{n+1}	...	t_{2n}
A_0	$d_{(0,h,0)}$	...	$d_{(0,h,n-1)}$	$d_{(0,h,n)}$	$d_{(0,h,n+1)}$	...	$d_{(0,h,2n)}$
A_1	$d_{(1,h,0)}$	...	$d_{(1,h,n-1)}$	$d_{(1,h,n)}$	$d_{(1,h,n+1)}$	...	$d_{(1,h,2n)}$
A_2	$d_{(2,h,0)}$	...	$d_{(2,h,n-1)}$	$d_{(2,h,n)}$	$d_{(2,h,n+1)}$	...	$d_{(2,h,2n)}$
...	...	...	...	...	...	...	...
A_M	$d_{(M,h,0)}$	...	$d_{(M,h,n-1)}$	$d_{(M,h,n)}$	$d_{(M,h,n+1)}$	...	$d_{(M,h,2n)}$

图 4-5　相似度计算过程流程图

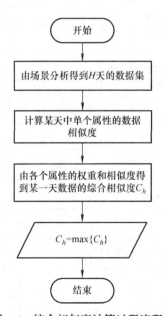

图 4-6　综合相似度计算过程流程图

$$T = \alpha \times T_1 + \beta \times T_2$$
$$\alpha + \beta = 1$$

（4-8）

式中，α 为 T_1 的权重；β 为 T_2 的权重。

4.2.3　多维场景下台区线损率标准库生成策略

现有的台区线损率标准库建立方法，在划分程度和影响因素的考虑等方面存在一些缺陷：一是没有考虑到"一区一库"的划分方法对于不断复杂的用户用电系统具有较强的局限性，大部分情况下只能粗略辨识异常线损率；二是台区线损率的波动受到季节、节假日等多种因素的影响，需考虑多维场景下标准库的精细划分与建立，目前台区线损率标准库的建立方法忽略了对历史数据的分析和挖掘，降低了线损异常辨识的准确性。针对现有技术和方法的不足，本节提出一种多维场景下基于数据挖掘的台区线损率标准库构建方法，在获取台区线损率数据的基础上，分别采取缺失值填补众数和改进 3-σ 去噪法对原始数据进行预处理；同时，根据季节、节假日以及特殊节假日的规则设定场景标签；分别提取具有相同场景标签的线损率数据；基于轮廓系数和卡林斯基 - 哈拉巴斯指数（CHI）确定最佳聚类数，并进行 K-means 聚类；基于动态簇类质心下降法确定标准库区间的上下限；基于确定区间属性值相似度合并标准库，从而得到多维场景下的台区线损率标准库。总的流程图如图 4-7 所示。

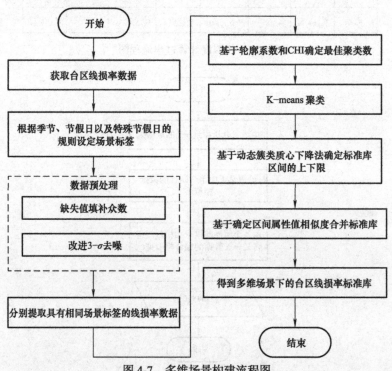

图 4-7　多维场景构建流程图

具体步骤如下：

步骤 1. 获取台区线损率数据

此步骤中的台区线损率是用于判断台区是否存在异常的依据，亦是用于建立台区线损率标准库的基础，其值由用电信息采集系统提供的线损电量计算得出，线损率计算公式如下：

$$\text{LLR} = \frac{E_{\text{m}} - E_{\text{s}}}{E_{\text{m}}} \times 100\% \tag{4-9}$$

式中，LLR 是线损率；E_{m} 是抄表电量；E_{s} 是实际售电量。

步骤 2. 根据季节、节假日以及特殊节假日的规则设定场景标签

此步骤中由于考虑了多维场景下利用线损率数据建立台区线损率标准库，故提前对近 $n(n > 2)$ 年的日期按照季节、节假日以及特殊节假日的规则分别设定场景标签，具体规则如表 4-1 所示。

表 4-1　对各日期按照季节、节假日以及特殊节假日的规则设定标签

月份	季节	工作日标签	节假日标签
3～5 月	春	1	2
6～8 月	夏	3	4
9～11 月	秋	5	6
12～2 月	冬	7	8
特殊节假日		0	

步骤 3. 采取缺失值填补众数的原则进行缺失值的预处理

在原始用电数据中，尤其是在抽取用户用电量的过程中，发现存在数据缺失的情况。如果将这些缺失数据直接抛弃，将会影响到模型的训练过程，以及供电量的计算结果，导致最终的分析效果有误差，形成异常用电用户的漏判、误判。处理缺失值的时候，可将数据严重缺失的用户的缺失数据不作处理，直接将其判定为异常用户，对于分散、缺失较少的用电数据进行异常值处理。使用 sklearn 中填补缺失值专用的 Impute 模块对获取的原始线损率采用众数填补，让数据适应模型并且匹配模型的需求。

步骤 4. 基于改进 3-σ 去噪法剔除台区线损率的异常值

此步骤中采用改进 3-σ 去噪法剔除台区线损率的异常值，改进 3-σ 去噪是指假设一组检测数据中只含有随机误差，需要对其进行计算得到标准偏差，按一定概率确定一个区间，对于超过这个区间的误差，就不属于随机误差而是粗大误差，需要将含有该误差的数据进行剔除。3-σ 法则下的数值分布为

$$\begin{cases} P(\mu-\sigma < X \leqslant \mu+\sigma) = 68.3\% \\ P(\mu-2\sigma < X \leqslant \mu+2\sigma) = 95.4\% \\ P(\mu-3\sigma < X \leqslant \mu+3\sigma) = 99.7\% \end{cases} \tag{4-10}$$

X 的取值几乎全部集中在 $(\mu-3\sigma, \mu+3\sigma)$ 区间内，超出这个范围的可能性仅占不到 0.3%。

基于改进 3-σ 去噪法剔除台区线损率的异常值包括如下步骤：

1）计算需要检验的数据列的平均值 $\bar{x}$ 和标准差 s_N；

2）比较数据列的每个值与平均值的偏差是否超过标准差的 3 倍，如果超过 3 倍，则为异常值，评判规则如下：

$$x - \bar{x} \leqslant 3s_N \tag{4-11}$$

x 为线损率的实际值；$\bar{x}$ 为线损率数据列的平均值；s_N 为线损率数据列的标准差。

3）剔除异常值，得到规范的数据，转入步骤 1）；

4）不断迭代 N 次，依据迭代次数 N 和规范数据量的学习曲线，确定最佳样本量。

步骤 5. 分别提取具有相同场景标签的线损率数据

此步骤中建立台区线损率标准库考虑到场景的多维性质，需按照表 4-1 既定的场景划分规则，将具有相同场景标签所对应的线损率分别存放至集合 $W_i, i \in [0,8]$，分别研究不同场景下线损率的分布情况，以便于对同一特征下数据进行 K-means 聚类以及生成台区的标准库。

步骤 6. 基于轮廓系数和 CHI 确定最佳聚类数

此步骤通过轮廓系数和 CHI 来确定最佳聚类数。K-means 的目标是确保"簇内差异小，簇外差异大"，即完全依赖于簇内的稠密程度和簇间的离散程度来评估聚类的效果。其中轮廓系数是最常用的聚类算法的评价指标，是针对每个样本来定义的，能够同时衡量：

1）样本与其自身所在的簇中的其他样本的相似度 a，等于样本与同一簇中所有其他点之间的平均距离；

2）样本与其他簇中的样本的相似度 b，等于样本与下一个最近的簇中的所有点之间的平均距离。

根据聚类的要求"簇内差异小，簇外差异大"，理想情况下 b 永远大于 a，并且大得越多越好。

单个样本的轮廓系数计算为

$$s = \frac{b-a}{\max(a,b)} \tag{4-12}$$

式（4-12）可以被解析为

$$
s = \begin{cases} 1 - \dfrac{a}{b}, & a < b \\ 0, & a = b \\ \dfrac{b}{a} - 1, & a > b \end{cases}
\tag{4-13}
$$

故轮廓系数范围为 $(-1,1)$，其中值越接近 1 表示样本与自己所在的簇中的样本很相似，并且与其他簇中的样本不相似；当样本点与簇外的样本更相似时，轮廓系数就为负；当轮廓系数为 0 时，则代表两个簇中的样本相似度一致，两个簇本应该是一个簇。因此轮廓系数越接近 1 聚类效果越好，负数则表示聚类效果非常差。

除了轮廓系数可以评估聚类模型，CHI 也被称为方差比标准。CHI 越高越好，对于有 k 个簇的聚类而言，CHI 指标 $s(k)$ 写为

$$
s(k) = \frac{Tr(B_k)}{Tr(W_k)} \cdot \frac{N-k}{k-1}
\tag{4-14}
$$

式中，N 是数据集中的样本量；k 是簇的个数；B_k 是组间离散矩阵，即不同簇之间的协方差矩阵；W_k 是簇内离散矩阵，即一个簇内数据的协方差矩阵；Tr 表示矩阵的迹。数据之间的离散程度越高，协方差矩阵的迹就会越大。组内离散程度越低，协方差的迹就会越小，$Tr(W_k)$ 也就越小，同时，组内离散程度越高，协方差的迹也会越大，$Tr(B_k)$ 就越大，因此 CHI 越高越好。

在 sklearn 中使用模块 metrics 中的类 silhouette_score 来计算轮廓系数，它返回的是一个数据集中所有样本的轮廓系数的均值。同时在模块 metrics 中存在类 silhouette_sample，它的参数与轮廓系数一致，但返回的是数据集中每个样本自己的轮廓系数。

步骤 7. K-means 聚类

步骤 7 中依据已知的最佳聚类数 k 对集合 $W_i, i \in [0,8]$ 进行 K-means 聚类。K-means 聚类的具体过程如下：

1）随机抽取 k 个样本作为最初的质心；

2）开始循环；

3）将每个样本点分配到离它们最近的质心，生成 k 个簇；

4）对于每个簇，计算所有被分配到该簇的样本点的平均值作为新的质心；

5）当质心的位置不再发生变化，迭代停止，聚类完成。

K-means 聚类追求"簇内差异小，簇外差异大"的原则，而这个"差异"就是通过该样本点到其所在簇的质心距离来衡量的。令 x 表示簇中的一个样本点，μ 表示该簇中的质心，n 表示每个样本中的特征数目，i 表示组成点 x 的每个特征，则该样本点到质心的距离可以由以下距离来度量：

$$d_1(x,\mu) = \sqrt{\sum_{i=1}^{n}(x_i - \mu)^2} \tag{4-15}$$

$$d_2(x,\mu) = \sum_{i=1}^{n}\left(|x_i - \mu|\right) \tag{4-16}$$

$$d_3(x,\mu) = \cos\theta = \frac{\sum_{i=1}^{n}(x_i \cdot \mu)}{\sqrt{\sum_{i=1}^{n}(x_i)^2} \cdot \sqrt{\sum_{i=1}^{n}(\mu)^2}} \tag{4-17}$$

式中，d_1、d_2、d_3 分别为欧几里得距离、曼哈顿距离和余弦距离。

K-means 算法是一个计算成本很高的算法，K-means 算法的平均复杂度是 $O(k \cdot n \cdot T)$，其中 k 是超参数，n 是整个数据集中的样本量，T 是所需要的迭代次数。在最坏的情况下，K-means 的复杂度可写作 $O\left(n^{\frac{k+2}{p}}\right)$，其中 p 是特征总数。

步骤 8. 基于动态簇类质心下降法确定标准库区间的上下限

步骤 8 中基于动态簇类质心下降法确定标准库区间的上下限。标准库的建立需要确定其区间的上限和下限，单纯依据簇类个案数目划分区间，会导致数据流失较多，故提出一种基于簇类个案数目的质心平移法，使标准库的区间尽可能多地囊括线损率数据且满足数据在此区间内的集中分布。选取区间下限 y_lower 和上限 y_upper 的方案为：针对不同簇类的个案数目进行升序排列，保留个案数目最多的簇类元素，此时标准库下限取个案数目位于第 2 的簇类 i 质心横坐标经相对偏移量 m_i/n 下移后的新坐标，下限取个案数目位于第 3 的簇类 j 质心横坐标经相对偏移量 m_j/n 上移后的新坐标，此时区间的上限和下限为

$$y\_lower = ct_i - ct_i \times \frac{m_i}{n} = ct_i \times \frac{n - m_i}{n} \tag{4-18}$$

$$y\_upper = ct_j + ct_j \times \frac{m_j}{n} = ct_j \times \frac{n + m_j}{n} \tag{4-19}$$

式中，y_lower 为标准库区间下限；y_upper 为标准库区间上限；ct_i 为第 i 类簇的质心横坐标；ct_j 为第 j 类簇的质心横坐标；m_i 为第 i 类簇的个案数目；m_j 为第 j 类簇的个案数目；n 为数据集中的样本容量。

步骤 9. 基于确定区间属性值相似度合并标准库，得到多维场景下的台区线损率标准库

步骤 9 中基于确定区间属性值相似度合并标准库，得到多维场景下的台区线损率标准库。确定区间 N 是指有确定下界 n_1 和上界 n_2 的区间，内部数据分布可以是离散的，也可以是连续的，记为 $N[n_1, n_2]$。采用区间相对长度法来计算 2 个区间属性值间的相似度，该方法是通过计算 2 个区间长度的重叠率作为区间的相似度，具有

计算简单和准确的优点。设 A 、 B 是 2 个确定区间，则 A 、 B 的相似度定义为

$$sim(A,B) = \frac{L(A \cap B)}{L(A) + L(B) - L(A \cap B)}$$ （4-20）

式中， L 表示相应区间的长度； $A \cap B$ 表示 A 、 B 的重叠区间。

设置相似度阈值为 α =0.8，将各场景线损率区间属性的相似度大于阈值的区间按交集原则进行合并，最终得到多维场景下的台区线损率标准库。

4.2.4   基于多维场景标准库的台区线损率异常智能辨识方法

4.2.3 节分析了多维场景下台区线损率的标准库的构建方法，本节将基于多维标准库对台区给定时间段内的线损率异常情况进行智能辨识，如图 4-8 所示。

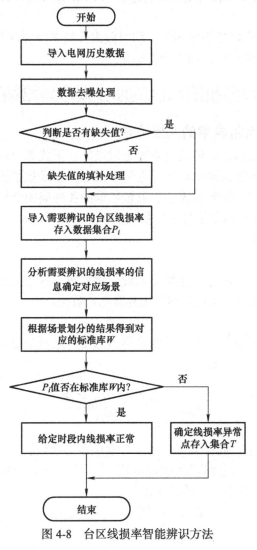

图 4-8   台区线损率智能辨识方法

具体步骤如下：

1）首先获取电网当前和历史数据，并对数据进行去噪；

2）其次判断给定时段内的台区线损率是否有缺失值，如果有，转入步骤3）处理，否则转入步骤4）；

3）根据4.2.2节中的基于历史数据辅助场景的分析的缺失值填补策略，对台区线损率缺失值进行补全；

4）导入需要辨识的台区线损率存入数据集合 P_i；

5）分析集合 P_i 对应的时段等信息确定对应的场景情况；

6）根据场景划分结果，得到该场景所对应的标准库 W；

7）判断 P_i 集合中是否有值不在标准库 W 内，如果有，则转入步骤8），否则转入步骤9）；

8）给定时段内台区线损率异常，将时段内线损率异常点存入集合 T。

9）给定时段内台区线损率正常，结束。

4.3　基于关联性分析的台区同期线损率异常精准定位技术

4.3.1　台区用户电量异常的判断方法

由于采集设备故障、通信信道不稳定以及外界干扰等原因，往往会使用电信息采集系统采集到异常的电量数据。电量是用电信息采集系统中最重要的采集数据，若电量数据异常，则会造成基于电量数据的各种应用分析失去准确性甚至无法进行。因此，必须对用电信息采集系统采集到的异常电量数据进行识别。

1. 异常电量识别

（1）电量缺失

电量缺失是指由于用电信息采集系统采集失败，从而造成用户电量为空的情况。当发现电量缺失时，可直接判定为异常电量数据。

（2）电量越限

电量越限是指用电信息采集系统采集到的用户电量超过阈值的情况。低压用户的电量上限阈值 E_{max} 设定为

$$E_{max} = \frac{24K_m p U_n I_{max} K_U K_I}{1000} \tag{4-21}$$

式中，K_m 为裕度系数，此处 K_m=1.5；p 为电能表相系数，三相电能表的 p=3，单相电能表的 p=1；U_n 为电能表的额定电压；I_{max} 为电能表的额定最大电流；K_U 为电压互感器变比；K_I 为电流互感器变比。

专变用户及公变台区的电量上限阈值 E_{max} 设定为

$$E_{max} = 24K_m S_n \qquad (4-22)$$

式中，S_n 为变压器的额定容量；K_m 为裕度系数，此处 K_m=1.5。

电量下限阈值 E_{min} 设定为 0，即

$$E_{min} = 0 \qquad (4-23)$$

通过上下限阈值的设定可知，当低压用户的电量超过用户在电能表额定电压 K_U 倍的电压、电能表额定最大电流 K_I 倍的电流、功率因数为 1 的条件下 24h 消耗电量的 1.5 倍时，则判定为异常电量数据；当专变用户及公变台区的电量超过变压器在功率因数为 1 的条件下满负荷运行 24h 所消耗电量的 1.5 倍时，则判定为异常电量数据；当电量为负值时，则判定为异常电量数据。

2. K-means 聚类算法及优化

聚类分析是将物理或抽象对象的集合分组成为由类似的对象组成的多个类的过程。由聚类所生成的簇是一组数据对象的集合，这些对象与同一个簇中的对象彼此相似，与其他簇中的对象相异。相异度是根据描述对象的隶属值来计算的，距离是经常采用的度量方式。

随着用电信息采集系统的日益完善，可以采集到用户大量的用电数据，因此选择的聚类方法，要求不仅在信息量不大时能够快速准确地聚类，更重要的是能够适应数据量增大的需求，能够及时快速地输出聚类结果。由于 K-means 算法可以处理大数据集，具有很好的可伸缩性和很高的效率，简单快速，能够适应数据量增长的实时性处理的需求，广泛地运用在大规模数据聚类中，因此本节选取 K-means 算法对样本进行聚类。但是 K-means 算法依赖于初始聚类中心的选取，聚类质量受噪声的影响较大，初始聚类中心往往影响聚类结果的好坏；K-means 算法是基于梯度下降的算法，具有贪心性。

在 K-means 聚类算法的基础上进行优化，可采用如下两点措施。

（1）去噪声点

样本点中噪声点的数量远远少于非噪声数据量，但是对于多维数据集，噪声点到聚类中心的距离与误差平方和（SSE）有 95% 的相关性，噪声点远离正常样本点，影响算法迭代过程中的聚类中心，增加 K-means 算法收敛的迭代次数，聚类结果会偏离实际，影响聚类结果稳定性，因此运用 K-means 算法前应将噪声点剔除，以提高聚类质量。为了能够快速简洁地剔除噪声点，基于样本实际特征，采用样本均值欧式距离法剔除噪声点。具体方法如下：首先计算出样本的均值，然后计算所有样本与均值点的欧式距离，并按欧式距离从小到大对样本点重新编号，显然，编号较大且距离值变化迅速的点就是噪声点。

（2）并行计算

K-means 算法在聚类前需要确定聚类数，而聚类数往往无法事先确定。根据经验规律可知最佳聚类数介于 2 与 $\sqrt{n}$ 之间，其中 n 为所有样本点个数。但是在样本特别大时，显然寻找最佳的轮廓系数会消耗大量的时间。近年来随着计算机技术的发展，多核心 CPU 的普及为计算的快速性提供可能，利用并行计算技术可以提高计算快速性和响应实时性。并行计算的思想是将待求解的问题分为若干部分，每部分由一个独立 CPU 核心来处理。在进行轮廓系数计算时，各个样本个体轮廓系数的计算相互独立，不需要顺序执行，此外计算每一个类样本的个体轮廓系数也是相互独立的。当样本聚为 k 类时，采用并行计算技术计算每类的个体轮廓系数，最后再计算所有类样本个体轮廓系数均值，得到聚为 n 类时的聚类轮廓系数。

3. 基于历史数据的用电量异常库

为了能实现同期线损率异常的自动判断，首先需要找到同期线损率的正常线损率范围，由于不同台区下用户类型以及用户分布情况各有差异，因此需要研究不同用户历史用电量的趋势，并且分别生成每个用户特有的电量异常库，作为判断异常电量的依据。

基于历史数据生成异常台区的用电量异常库的流程图如图 4-9 所示。

其步骤大致如下：

1）分别导入台区下 n 个用户的历史用电量。

2）计算该台区的历史线损值总和 $\sum W_i$，剔除总用电量小于 $\sum W_i$ 的用户，确定剩余的 j 个研究用户。

3）对用户的历史用电量进行聚类，确定聚类数。

4）找出个案数目最多的聚类，确定该聚类的聚类中心 X。

5）计算该聚类中所有点到聚类中心的最远距离 r，判断所有线损率数据与聚类中心的距离。

6）分别输出所有满足条件的集合 $\{P_{j\text{-}i}\}$ 并生成第 i 个用户用电量标准库。

7）将所有的异常用户电量及对应的时间存储至集合 $\{P_{j\text{-}i}\}$ 中，生成用电量异常库。

4.3.2 台区线损率异常关联用户精准定位方法

由线损电量的定义可知：

$$线损电量 = 供电量 - 售电量$$

由线损电量的分类可知：

$$实际线损（统计线损）= 理论线损（技术线损）+ 管理线损（营业损失）$$
$$= 可变线损 + 固定损耗 + 不明损耗$$

式中，不明损耗 = 用户窃电 + 元件漏电 + 抄核差错 + 电能表误差。

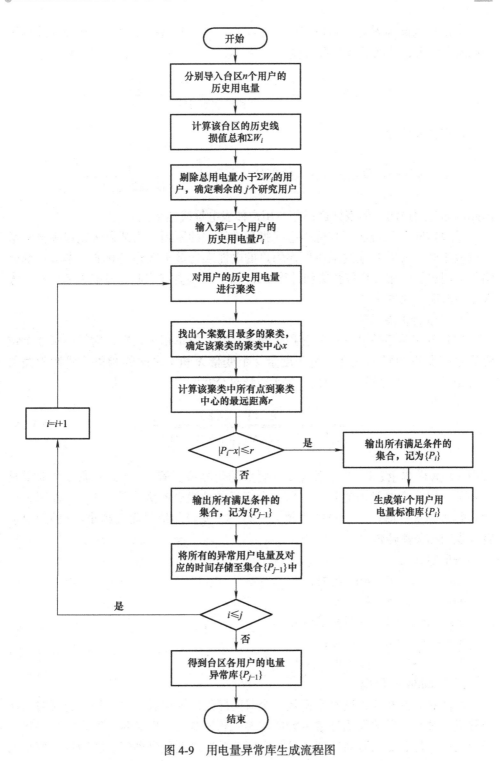

图 4-9　用电量异常库生成流程图

当用户电能表误差、用户窃电、元件漏电或抄核差错过大时，都会导致不明损耗明显增大，从而导致该台区线损电量明显增大，线损率明显异常增大。

$$电能表计量误差率 = \frac{电能表抄见电量用户实际电量}{用户实际电量} \times 100\%$$

根据上式可知

$$电能表计量误差率 = 电能表抄见电量 \times \left(1 - \frac{1}{电能表误差率 + 1}\right)$$

由此可知，用户的电能表计量误差与用户抄表电量线性相关。

假设排除了某台区下其他引起线损异常增大的原因，当某台区线损率异常增大或减小时，就需要查找是由哪些用户的电能表计量不准确引起的。本节主要介绍了应用皮尔逊相关系数算法和计算 Euclidean 距离查找引起电量损失的存在较大误差的电能表的方法。

1. 皮尔逊相关系数

皮尔逊相关系数又称皮尔逊积矩相关系数、简单相关系数，它描述了 2 个定距变量间联系的紧密程度，用于度量 2 个变量 X 和 Y 之间的相关（线性相关），其值介于 −1 与 1 之间，一般用 r 表示，计算公式为

$$r_{xy} = \frac{n\Sigma XY - \Sigma X \Sigma Y}{\sqrt{\left[N\Sigma X^2 - (\Sigma X)^2\right]\left[N\Sigma Y^2 - (\Sigma Y)^2\right]}} \tag{4-24}$$

式中，n 为样本量；X、Y 分别为 2 个变量的观测值。若 $r > 0$，表明 2 个变量是正相关，即一个变量的值越大，另一个变量的值也会越大；若 $r < 0$，表明 2 个变量是负相关，即一个变量的值越大，另一个变量的值反而会越小。r 的绝对值越大表明相关性越强。

一般定义为

$0.8 < r \leq 1.0$，极强相关；

$0.6 < r \leq 0.8$，强相关；

$0.4 < r \leq 0.6$，中等程度相关；

$0.2 < r \leq 0.4$，弱相关；

$0.0 \leq r \leq 0.2$，极弱相关或无相关。

2. Euclidean 距离

时间序列的相似性度量是衡量 2 个时间序列的相似程度的方法，它是时间序列分类、聚类、异常发现等诸多数据挖掘问题的基础，也是时间序列挖掘的核心问题之一。任意 2 条时间序列通过距离度量标准来度量序列间的相似性，度量的

距离值越小，2 条序列就越相似，反之则越不相似。有多种序列相似性度量方法，最常见的是欧氏距离和动态时间弯曲。由于线损和用户电量都是基于同一周期下研究的，故采用欧氏距离来判断两者的相似度。

设 2 个序列 $X(t)=\{x(1),x(2),\cdots,x(N)\}$ 和 $Y(t)=\{y(1),y(2),\cdots,y(N)\}$，则欧式距离为

$$D_{\mathrm{E}}(X,Y)=\sqrt{\sum_{i=1}^{N}(x(i)-y(i))^2} \qquad (4\text{-}25)$$

通过对两条曲线进行欧式距离计算，可以简单且直观地得到两条曲线相似性程度。欧氏距离值越小，则曲线相似性程度越高；反之，曲线相似性程度越低。在同一时间坐标轴下的欧式距离具有计算简单和量化曲线相似性的作用。

3. 台区用户异常联合精准定位框架

现有的台区线损异常关联用户定位方法，仍然存在一些缺陷：一是仅仅考虑到使用皮尔逊系数算法确定用户电量波动和线损率变化的关联程度，没有具体分析异常用户电量和线损率两条曲线之间的形状相似性；二是由于线损数据量庞大，需通过数据挖掘算法分析线损波动和电量波动的关系，精确定位异常用户，开展线损的针对性治理，目前的台区线损异常关联用户定位方法是人工进行海量数据计算后的粗略定位以及逐一排查，忽略了对台区大数据的分析与挖掘，不仅加大了计算量，也缺乏准确性。

针对现有技术中的不足，本节提出一种基于数据挖掘的台区线损异常关联用户精准定位方法。在历史线损率 K-means 聚类结果的基础上，建立了台区线损率标准库和异常库；同时，根据生成的异常库数据，确定异常时间段 T；从用电数据缺失值、噪声值和归一化三个处理方面展开，针对用电数据进行预处理，得到具有研究意义的用户电量集合 $\{W_j\}$；分别计算异常时间段内集合 $\{W_j\}$ 内各用户电量和线损率的皮尔逊系数 r_j；利用设定的阈值进行初步筛选，得到和线损异常关联性较大的用户电量集合 $\{W_k\}$；分别计算集合 $\{W_k\}$ 中各用户电量曲线与线损率曲线改进的欧氏距离 D_E；基于加权皮尔逊系数和欧氏距离的相似性度量，计算皮尔逊系数和欧式距离的权重系数 P，精准定位所有异常用户。台区用户异常联合精准定位框架如图 4-10 所示。

基本步骤如下：

1）导入给定的异常台区线损率；

2）针对导入的异常台区线损率进行 K-means 聚类；

3）基于聚类结果建立异常台区线损率标准库和异常库；

4）根据异常库确定异常时间段 T；

5）进行用电数据预处理，得到具有研究意义的用户电量集合 $\{W_j\}$；

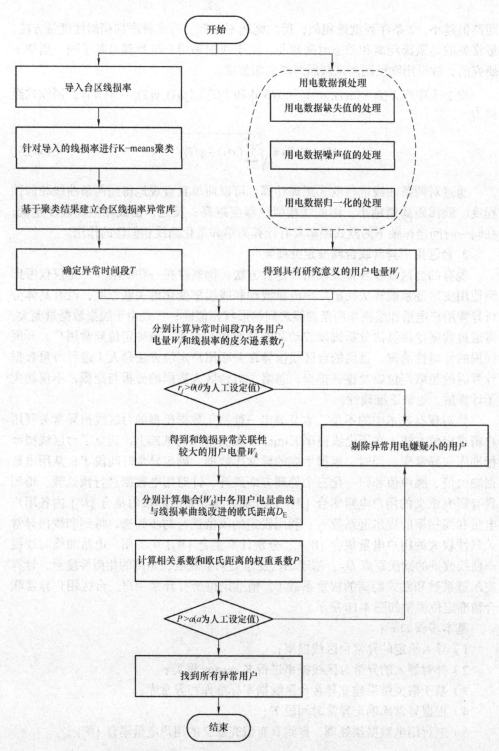

图 4-10 台区用户异常联合精准定位框架

6）分别计算异常时间段 T 内集合 $\{W_j\}$ 中各用户电量和对应线损率的皮尔逊系数 r_j；

7）利用设定的阈值进行初步筛选，得到和线损异常关联性较大的用户电量集合 $\{W_k\}$；

8）分别计算集合 $\{W_k\}$ 中各用户电量曲线与线损率曲线改进的欧氏距离 D_E；

9）基于加权皮尔逊系数和欧氏距离的相似性度量，计算皮尔逊系数和欧式距离的权重系数，精准定位所有异常用户。

4.4　基于联合研判的同期线损率异常辨识方法

4.4.1　基于人工经验的专家库生成方法

传统的专家系统是基于二值逻辑的推理系统，在应用过程中有很大的局限性，因为此类专家系统只能实现非此即彼的简单完全匹配推理。但是在现实生活应用实践中，常常需要使用不精确的、不完全的或者不完全可靠的信息进行推理，这就需要采用模糊技术来处理不确定的知识。模糊专家系统是一种基于知识或者基于规则的系统，它的核心就是由 if-then 规则所组成的知识库，而 if-then 规则是用隶属函数来表达知识的。模糊专家系统是在传统专家系统的基础上发展而来的。除了具备传统专家系统的一切优点外，同时又有自己特殊的优点，而这正是表现在对不确定知识的处理上。一个完整的模糊专家系统一般由知识获取模块、知识库、模糊推理机、解释模块、人机接口界面等部分组成。

1. 知识获取模块

利用隶属函数，将异常情况下的线损率与相应的正常情况下的线损率作为输入清晰值经过模糊化后转化成模糊输入变量，同理，将本系统的输出变量，即线损率异常情况治理方案变量也进行模糊化操作，因此得到系统相关的模糊知识获取与存储。

对于模糊化过程，常用的隶属函数有如下几种类型：S 函数、x 函数、梯形函数、三角形函数。不同的隶属函数，具有不同的特点，适用于不同的场合。考虑到所研究的基于人工经验的线损率异常专家库的实际特性，对于系统输入变量，拟采用梯形函数形式的模糊隶属函数。例如：

$$\mu\left(x; a, b, c, d\right) = \begin{cases} 0, x < a \\ \dfrac{x-a}{b-a}, a \leqslant x \leqslant b \\ 1, b \leqslant x \leqslant c \\ \dfrac{x-c}{d-c}, c \leqslant x \leqslant d \\ 0, x > d \end{cases} \qquad (4\text{-}26)$$

其梯形函数的图形表达如图 4-11 所示。

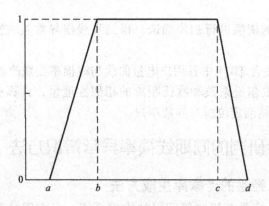

图 4-11　梯形函数的一般形式

各因素以各参数范围、百分比等为论域，把各因素对应的值或区间值作为隶属函数的核，隶属函数的选择对系统的推理结果有着十分重要的影响。构建隶属函数的方法有：①专家确定法；②借用已有的客观尺度；③模糊统计法；④对比排序法；⑤综合加权法；⑥基本概念扩充法等。

2. 知识库

知识库是用来存储从专家或者书籍文献中得到的特定领域的知识，这些知识包括逻辑性知识和启发性知识。知识库中的知识可以进行增、删、改、查。在获取系统所需要的输入、输出变量的模糊变化值后，需要设定相应的规则，作为系统推理的依据。规则的表达方法包括产生式规则、框架、语义网络等。

3. 模糊推理机

模糊推理是模糊专家系统的核心。目前常用的模糊推理方法主要有合成推理和利用匹配两种方法。

1）利用匹配法：指的是采用语义距离（海明距离为主）、贴近度或某种模糊匹配度来衡量规则条件部分和录入事实的匹配程度。当它大于某个事先设定的阈值时，则启动相应的规则；否则，系统会跳过这个规则，继续寻找其他符合条件的规则。在实际应用中，无论是海明距离还是贴近度，其实现方式复杂，应用程度相对不高，目前应用比较广泛的还是合成推理。考虑到产生式表示规则，其基本结构与合成推理相似，因此推荐使用合成推理法。

2）合成推理法，也叫模糊假言推理法，其基本思想是：先求出规则"IF X is A then Y is B"中 A 和 B 的确定关系，然后将这个关系（是一个二元关系）与观察事实"X is A^*"中的 A^*（是一元关系）进行合成：

$$A \text{ and } B \text{ are } R, \quad B^* = A^* \circ R \tag{4-27}$$

式中，A 是模糊输入变量 x 的模糊集合；B 是模糊输出变量 Y 的模糊集合；R 是 A 和 B 的模糊关系；A^* 是输入事实；B^* 是输出结果；"。"是合成算子。

在式（4-27）中，有两处关系需要进行构造：一是 A 与 B 之间的模糊关系 R；二是 A^* 与 R 之间的合成关系。只有先得到模糊关系 R，才能得到进一步的合成关系。

4. 解释模块

一个性能优良的模糊专家系统应该可以对它的输出结果和推理过程进行自然语言的翻译，帮助决策者对决策结果有更好的理解与认知。而通过人机接口界面，可将其翻译结果传递给决策者。

5. 人机接口界面

人机接口界面作为专家系统的"门面"，传递结果的桥梁，必须具有整洁的外观、合理的布局、清晰的结果显示与解释模块等。

4.4.2　数据驱动下多维场景线损率专家库生成策略

1. 专家库构建的总体流程

构建专家库的总体流程为：首先是输入台区线损率历史数据，根据历史数据建立模糊规则中的隶属函数。其次，使用模糊规则中的隶属函数判断线损率是否正常，若线损率正常，则判定线损率为正常线损率，结束专家库判定流程；若线损率异常，则输出线损率异常的时段。最后，判断是否需要分析线损率异常的原因，若是用户选择了还需要分析异常原因，则导入线损率异常时段中台区的线损率，分析线损率异常的原因，输出异常时段和线损率异常原因；若是用户选择了不需要分析异常原因，则直接输出线损率异常的时段，结束流程。专家库总体流程图如图 4-12 所示。

2. 数据驱动下台区线损率异常时段智能辨识方法

数据驱动下台区线损率异常时段智能辨识方法的步骤为：先是获取台区的线损率历史数据，根据台区的线损率历史数据建立模糊规则中的隶属函数，再通过隶属函数对线损率进行分类，并确定各线损率异常时段，接着计算线损率异常持续时间，并计算与各线损率异常时段对应的用户用电量异常时段的重合度，然后根据专家经验建立模糊规则中关于线损率异常时段和用户用电量异常时段重合度的隶属函数，利用该隶属函数分析线损率异常时段和用户用电量异常时段之间的关系，找出异常关联用户，最后输出线损率异常预警信息，显示线损率异常时段、线损率异常持续时间以及异常关联用户。该方法的流程图如图 4-13 所示。

基本步骤如下：

1）获取台区的线损率历史数据。

2）根据台区的线损率历史数据建立模糊规则中的隶属函数。

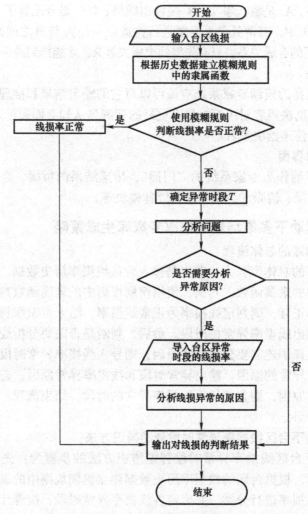

图 4-12 专家库总体流程图

隶属函数建立的具体步骤为：先输入台区的线损率历史数据；再基于专家经验选择一个曲线形状作为隶属函数的曲线形状；接着选用 K-means 聚类方法对台区的线损率历史数据进行聚类，找出正常线损率的聚类中心，正常线损率的聚类中心表示为 $\Delta P\%_z$，异常线损率的聚类中心表示为 $\Delta P\%_y$，$\Delta P\%_y$ 为 $\Delta P\%_z$ 的 2 倍；最后基于正常线损率的国家标准，建立模糊规则中的隶属函数

$$\mu_f\left(x;\Delta P\%_a,\Delta P\%_b\right)=\begin{cases}1 & x<0 \\ 0 & x>0\end{cases} \tag{4-28}$$

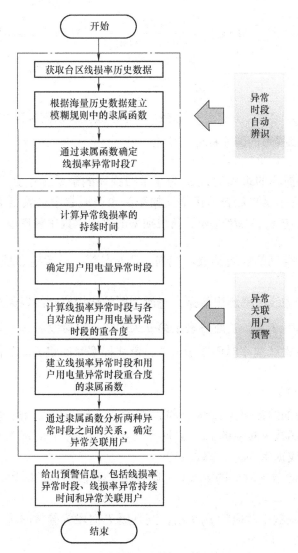

图 4-13　异常时段智能辨识方法的流程图

$$\mu_{\mathrm{z}}\left(x;\Delta P\%_{\mathrm{a}},\Delta P\%_{\mathrm{b}}\right)=\begin{cases}0 & x<0\\ 1 & x<\Delta P\%_{\mathrm{a}}\\ \dfrac{x-\Delta P\%_{\mathrm{b}}}{\Delta P\%_{\mathrm{a}}-\Delta P\%_{\mathrm{b}}} & \Delta P\%_{\mathrm{a}}\leqslant x\leqslant\Delta P\%_{\mathrm{b}}\\ 0 & x>\Delta P\%_{\mathrm{b}}\end{cases} \tag{4-29}$$

$$\mu_{\mathrm{g}}\left(x;\Delta P\%_{\mathrm{a}},\Delta P\%_{\mathrm{b}}\right)=\begin{cases}0 & x<\Delta P\%_{\mathrm{a}}\\[2mm]\dfrac{x-\Delta P\%_{\mathrm{a}}}{\Delta P\%_{\mathrm{b}}-\Delta P\%_{\mathrm{a}}} & \Delta P\%_{\mathrm{a}}\leqslant x\leqslant\Delta P\%_{\mathrm{b}}\\[2mm]1 & x>\Delta P\%_{\mathrm{b}}\end{cases}\qquad(4\text{-}30)$$

$$\Delta P\%_{\mathrm{b}}=\begin{cases}\Delta P\%_{\mathrm{y}} & \Delta P\%_{\mathrm{z}}<\text{正常线损率国家标准的}0.3\text{倍}\\\text{正常线损率的国家标准} & \text{其他}\end{cases}\qquad(4\text{-}31)$$

式中，μ_{f} 为负线损率的隶属度；μ_{z} 为正常线损率的隶属度；μ_{g} 为高线损率的隶属度；x 为线损率；$\Delta P\%_{\mathrm{a}}$ 表示正常线损率的隶属函数中隶属度为 1 的点对应的线损率，取值为 $\Delta P\%_{\mathrm{z}}$；$\Delta P\%_{\mathrm{b}}$ 表示高线损率的隶属函数中隶属度为 1 的点对应的线损率。

3）通过 2）得到的隶属函数对线损率进行分类，并确定各线损率异常时段，具体步骤为：

① 导出台区的线损率历史数据，将所判断的线损率时段以天为单位划分为时间集 $\{T_1,T_2,\cdots,T_n,\cdots,T_N\}$，$T_n$ 时段表示第 n 天的线损率时段。

② 初始化正常线损率时间集 $\alpha=\varnothing$、负线损率时间集 $\beta=\varnothing$ 和高线损率时间集 $\gamma=\varnothing$。

③ 初始化 $n=1$。

④ 对 T_n 时段的线损率为 $\Delta P\%$，将 $\Delta P\%$ 作为 x 代入隶属函数进行分类：

a. 若在隶属函数中对应的 $\mu_{\mathrm{f}}<\mu_{\mathrm{z}}$ 且 $\mu_{\mathrm{g}}<\mu_{\mathrm{z}}$，则判断 T_n 时段为正常时段，对应的线损率为正常线损率，将 T_n 归入 α；

b. 若在隶属函数中对应的 $\mu_{\mathrm{f}}>0$，则判断 T_n 时段为异常时段，对应的线损率为负线损率，将 T_n 归入 β；

c. 若在隶属函数中对应的 $\mu_{\mathrm{g}}>\mu_{\mathrm{z}}$，则判断 T_n 时段为异常时段，对应的线损率为高线损率，将 T_n 归入 γ。

⑤ $n=n+1$；若 $n\geqslant N+1$，则进入 ⑥；否则，进入 ④。

⑥ 得到正常线损率时间集 $\alpha=\{T_i\}$、负线损率时间集 $\beta=\{T_j\}$ 和高线损率时间集 $\gamma=\{T_k\}$，$T_i\neq T_j\neq T_k$。其中 T_i 表示第 i 个正常线损率时段，T_j 表示第 i 个负线损率异常时段，T_k 表示第 k 个高线损率异常时段。

⑦ 对 ⑥ 得到的分类结果进行判断：若 β 和 γ 均为空集，则所判断的线损率时段内，该台区的线损率正常，进入 8）；否则，所判断的线损率时段内，该台区的线损率异常，输出 β 和 γ。

4）计算线损率异常持续时间，具体步骤为：

① 导出台区的线损率历史数据，将所判断的线损率时段以天为单位划分为时间集 $\{T_1, T_2, \cdots, T_n, \cdots, T_N\}$，$T_n$ 时段表示第 n 天的线损率时段，初始化负线损率异常持续时间为 $a=0$，高线损率异常持续时间为 $b=0$，$c=4$，$n=1$。

② 若 T_n 时段线损率为正常线损率，则 $c=c-1$，进入⑦；否则，进入③。

③ 若 T_n 时段线损率为负线损率，则进入④；若 T_n 时段线损率为高线损率，则进入⑤。

④ 若 $b=0$，则 $a=a+1$，进入⑦；否则，进入⑥。

⑤ 若 $a=0$，则 $b=b+1$，进入⑦；否则，进入⑥。

⑥ $c=0$，$n=n-1$，进入⑦。

⑦ $n=n+1$，进入⑧。

⑧ 若 $c=0$，则进入⑨；否则，进入②。

⑨ 确定线损率异常持续时间为 t 天，$t=\max\{a,b\}$，进入⑩；

⑩ 若 $n \geqslant N+1$，则进入 5）；否则，进入②。

5）计算各线损率异常时段对应的用户用电量异常时段的重合度，具体步骤为：

① 将所有线损率异常时段划分为连续的子时间段，确定各子时间段上用户用电量异常的时间段，再计算与各线损率异常时段对应的用户用电量异常时段的重合度，根据线损率异常持续时间、负线损率时间集 $\beta=\{T_1, T_2, \cdots, T_j, \cdots, T_J\}$ 和高线损率时间集 $\gamma=\{T_1, T_2, \cdots, T_k, \cdots, T_K\}$，对线损率异常时段重新划分。

a. 对负线损率时间集 $\beta=\{T_1, T_2, \cdots, T_j, \cdots, T_J\}$ 重新划分，具体步骤如下：

a）初始化 $j=1$，$h=1$，$X_h=\varnothing$。

b）将 T_j 归于 X_h 中。

c）根据 T_j 时段对应的线损率异常持续时间 t_j，将 T_j 时段后的 (t_j-1) 个时段均归于 X_h 中。

d）$j=j+t_j$，$h=h+1$。

e）若 $j>J$，则进入 b；否则，进入 b）。

b. 对高线损率时间集 $\gamma=\{T_1, T_2, \cdots, T_k, \cdots, T_K\}$ 进行重新划分，步骤如下：

a）初始化 $k=1$，$l=1$，$X_L=\varnothing$。

b）将 T_k 归于 X_L 中。

c）根据 T_k 时段对应的线损率异常持续时间 t_k，将 T_k 时段后 (t_k-1) 个时段均归于 X_L 中。

d）$k=k+t_k$，$l=l+1$。

e）若 $k>K$，则进入②；否则，进入 b）。

② 得到异常时间段时间集合 $\{X_1, X_2, \cdots, X_l, \cdots, X_L\}$。

③ 初始化 $h=1$。

④ 导入 X_h 时段上 M 个用户的用电量，使用 Z_{hm} 表示用户 m 在 X_h 时段内的用电量，建立对应的用户用电量数据集 $\{Z_{h1}, Z_{h2}, \cdots, Z_{hm}, \cdots, Z_{hM}\}$。

⑤ 初始化 $m = 1$。

⑥ 统计用户 m 在 X_h 时段内的用电量异常天数 e。

⑦ 利用皮尔逊相关系数来判断用户用电量与台区的线损率之间的关系

$$r = \frac{N\sum XY - \sum X \sum Y}{\sqrt{\left[N\sum X^2 - (\sum X)^2\right]\left[N\sum Y^2 - (\sum Y)^2\right]}} \tag{4-32}$$

式中，r 是 X 与 Y 之间的皮尔逊相关系数；X 是用户 m 在 X_h 时段内的用电量 Z_{hm}；Y 是 X_h 时段台区的线损率；N 是 X_h 时段对应的线损率异常持续时间。皮尔逊相关系数 r 越大，表示 X_h 时段台区的线损率与用户 m 的用电量相关性越强。当 $r \geqslant 0.8$ 时，判断线损率异常持续时间内用户 m 的用电量异常。

⑧ 计算 X_h 时段内用户 m 的用电量异常持续时间为 $d = e + N$；计算 X_h 时段与用户 m 的用电量异常时段的重合度为 $s_{hm} = d / N$。

⑨ $m = m + 1$。

⑩ 若 $m > M$，则进入⑪；否则，进入⑥。

⑪ $h = h + 1$。

⑫ 若 $h > H$，则进入⑬；否则，进入④。

⑬ 输出线损率异常时段和用户用电量异常时段的重合度数据集 $S = \{s_{hm}\}$。

6）根据专家经验建立模糊规则中关于线损率异常时段和用户用电量异常时段重合度的隶属函数。建立隶属函数的具体步骤为：

先基于专家经验选择一个曲线形状作为隶属函数的曲线形状；再将线损率异常时段和用户用电量异常时段的重合度转化成模糊子集 $\{NB \quad ZO \quad PB\}$，建立基于线损率异常时段和用户用电量异常时段重合度的隶属函数表；最后基于隶属函数表建立隶属函数

$$\mu_{\mathrm{N}}(NB) = \begin{cases} -0.022x + 1 & 0 \leqslant x \leqslant 45.45454 \\ 0 & x > 45.45454 \end{cases} \tag{4-33}$$

$$\mu_{\mathrm{Z}}(ZO) = \begin{cases} 0 & x < 4.54545 \\ 0.022x - 0.1 & 4.54545 \leqslant x \leqslant 50 \\ -0.022x + 2.1 & 50 \leqslant x \leqslant 95.45454 \\ 0 & x > 95.45454 \end{cases} \tag{4-34}$$

$$\mu_{\mathrm{P}}(PB)=\begin{cases}0 & x<54.54545 \\ 0.022x-1.2 & 54.54545\leqslant x\leqslant100 \\ 0 & x>100\end{cases} \qquad (4\text{-}35)$$

式中，$\mu_{\mathrm{N}}(NB)$ 是线损率异常时段和用户用电量异常时段重合度很小的隶属度；$\mu_{\mathrm{Z}}(ZO)$ 是异常时段重合度中等的隶属度；$\mu_{\mathrm{P}}(PB)$ 是异常时段重合度很大的隶属度；x 是线损率异常时段和用户用电量异常时段的重合度。

7）利用6）得到的隶属函数分析线损率异常时段和用户用电量异常时段之间的关系，找出异常关联用户，具体步骤为：

① 导出异常时间段时间集 $\{X_1,X_2,\cdots,X_h,\cdots,X_H\}$，初始化 $h=1$。

② 导出线损率异常时段和用户用电量异常时段的重合度数据集 $S=\{s_{hm}\}$，初始化 $m=1$。

③ 对 X_h 时段的线损率进行分类：

a. 若在隶属函数中对应的 $\mu_{\mathrm{N}}\geqslant\mu_{\mathrm{Z}}$ 且 $\mu_{\mathrm{N}}\geqslant\mu_{\mathrm{P}}$，则判断 X_h 时段两种异常的重合度很小，线损率异常与用户 m 的相关性很小，用户 m 为三级异常关联用户。

b. 若在隶属函数中对应的 $\mu_{\mathrm{Z}}\geqslant\mu_{\mathrm{N}}$ 且 $\mu_{\mathrm{Z}}\geqslant\mu_{\mathrm{P}}$，则判断 X_h 时段两种异常的重合度中等，线损率异常与用户 m 部分相关，用户 m 为二级异常关联用户。

c. 若在隶属函数中对应的 $\mu_{\mathrm{P}}>\mu_{\mathrm{Z}}$，则判断 X_h 时段两种异常的重合度很大，线损率异常与用户 m 的相关性很大，用户 m 为一级异常关联用户。

④ $m=m+1$。

⑤ 若 $m>M$，则进入⑥；否则，进入③。

⑥ $h=h+1$。

⑦ 若 $h>H$，则进入⑧；否则，进入②。

8）输出线损率异常预警信息，显示线损率异常时段、线损率异常持续时间以及异常关联用户，具体步骤为：

如果有一级异常关联用户，则输出所有一级异常关联用户；如果没有一级异常关联用户但有二级异常关联用户，则输出设定数目的二级异常关联用户；如果没有一级异常关联用户和二级异常关联用户，则不输出。

3. 基于模糊推理的配电台区线损率异常成因智能辨识方法

基于模糊推理的配电台区线损率异常成因智能辨识方法的步骤为：先是获取台区线损率数据和台区线损率异常时段，再根据台区线损率的历史数据建立模糊专家库中的隶属函数，接着使用隶属函数对异常时段的线损率进行判断，然后根据判断结果进行分析：若判断异常线损率为负线损率，则分类负线损率并判断异常原因，整理分析所得的原因并输出；若判断异常线损率为高线损率，则通过线损率估算公式和皮尔逊系数判断异常原因，整理分析所得的原因并输出；若判断线损率正常，则输出线损率正常并报错。该方法的流程图如 4-14 所示。

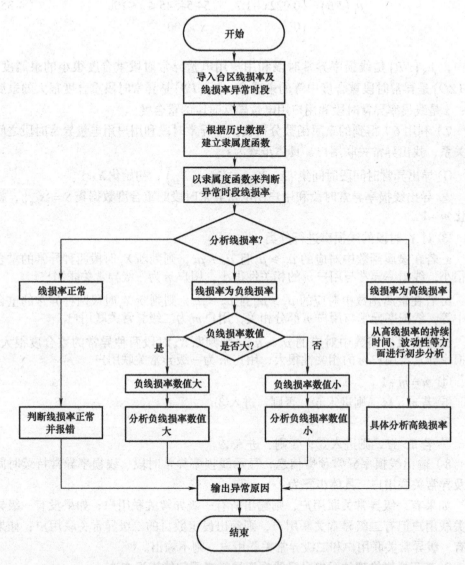

图 4-14　线损率异常成因智能辨识方法的流程图

基本步骤如下：

1）获取台区线损率数据；获取台区线损率异常时段。

2）根据台区线损率的历史数据建立模糊专家库中的隶属函数，具体步骤为：

① 首先输入台区线损率的历史数据，从三角形、四边形和梯形等隶属函数的曲线形状中选择梯形在此处使用；对台区线损率的历史数据进行处理，对台区线

损进行聚类，找出正常线损率的聚类中心；确定对应电压等级的台区正常线损率的国家标准；建立初步的线损率隶属函数。

② 获取台区线损率数据，对台区线损率历史数据进行聚类分析。

③ 以聚类算法中得到的结果为基础建立隶属函数曲线的数学表达式如下：

$$\mu_f\left(x; \Delta P\%_a, \Delta P\%_b\right) = \begin{cases} 1, x < 0 \\ 0, x > 0 \end{cases} \tag{4-36}$$

$$\mu_z\left(x; \Delta P\%_a, \Delta P\%_b\right) = \begin{cases} 0, x < 0 \\ 1, x < \Delta P\%_a \\ \dfrac{x - \Delta P\%_b}{\Delta P\%_a - \Delta P\%_b}, \Delta P\%_a \leqslant x \leqslant \Delta P\%_b \\ 0, x > \Delta P\%_b \end{cases} \tag{4-37}$$

$$\mu_g\left(x; \Delta P\%_a, \Delta P\%_b\right) = \begin{cases} 0, x < \Delta P\%_a \\ \dfrac{x - \Delta P\%_a}{\Delta P\%_b - \Delta P\%_a}, \Delta P\%_a \leqslant x \leqslant \Delta P\%_b \\ 1, x > \Delta P\%_b \end{cases} \tag{4-38}$$

式中，μ_f 是负线损率的隶属度；μ_z 是正常线损率的隶属度；μ_g 是高线损率的隶属度；x 是线损率；$\Delta P\%_a$ 是正常线损率的隶属函数中隶属度为1的点对应的线损率；$\Delta P\%_b$ 取值是线损率的国家标准，但当 $\Delta P\%_z$ 远小于国家标准时，$\Delta P\%_b = \Delta P\%_y$。

3）使用隶属函数对异常时段的线损率进行判断，具体步骤如下：

① 导出台区线损率数据，求出异常时段台区线损率的均值 $\Delta P\%$，公式为

$$\Delta P\% = \frac{\sum_{i=1}^{N} \Delta P\%_i}{N} \tag{4-39}$$

式中，$\Delta P\%$ 为异常时段中台区线损率的均值；$\Delta P\%_i$ 为异常时段中第 i 天的线损率数值；N 为异常时段的天数；

② 如果线损率的均值 $\Delta P\%$ 在隶属函数中对应的 $u_f < u_z$ 且 $u_g < u_z$，则判断该线损率 $\Delta P\%$ 为正常线损率。

如果其在隶属函数中对应的 $u_f > 0$，则判断该线损率 $\Delta P\%$ 异常，为负线损率。

如果其在隶属函数中对应的 $u_g > u_z$，则判断该线损率 $\Delta P\%$ 异常，为高线

损率。

4）根据3）的判断结果进行分析：若判断异常线损率为负线损率，则进入5）；若判断异常线损率为高线损率，则进入6）；若判断线损率正常，则输出线损率正常并报错。

5）分类负线损率并判断异常原因，具体步骤如下：

① 台区异常时段线损率为负值，判断负线损率数值大小：如果异常时段的线损率$|\Delta P\%|>|\Delta P\%_{fb}|$，$\Delta P\%_{fb}$为判断负线损率大小的值，则该时段负线损率数值大，进入②；如果异常时段的线损率$|\Delta P\%|<|\Delta P\%_{fb}|$，则该时段负线损率数值小，转入③。

② 当台区异常时段负线损率数值大时，可以判断出台区线损率异常的原因为供电量异常或者用采系统数值异常，转入7）。

③ 当台区异常时段负线损率数值小时，对台区线损率异常原因进行判断包括如下步骤：

首先检查电力营销系统与公用变压器的对应关系是否正常，如果对应关系错误，则修正营销系统中用户与变压器关系，并判断出台区线损率异常的原因；如果对应关系正确，则进入下一步判定：导出台区用户用电量，并按估算公式进行线损率计算，估算公式如下：

$$\Delta P\%_{g1}=\frac{P_k-P_t}{P_k}\times100\% \tag{4-40}$$

式中，$\Delta P\%_{g1}$为线损率的估算值；P_k为供电量；P_t为用电量。

使用隶属函数$\mu_z(x)$判断计算所得的线损率$\Delta P\%_{g1}$是否为正常线损率，如果线损率$\Delta P\%_{g1}$为异常线损率，则判断出线损率异常的原因为供电范围内用户档案更新不及时或故障数据补全不合格，否则判断用户用电量档案数据正常，进入下一步判定；然后检查现场终端是否正常，如果现场终端异常，则判断线损率异常的原因为现场终端异常，并进行终端处理，直至现场终端正常，进入下一步判定；接着判断电流互感器倍率是否与系统一致，如果与系统不一致，则判断异常原因包含互感器配置不合理或互感器变更问题，以现场实际倍率估算线损率。

以现场实际倍率估算线损率的公式如下：

$$L'=\frac{P_k\times\frac{c'}{c}-P_t}{P_k\times\frac{c'}{c}}\times100\% \tag{4-41}$$

式中，L' 为估算所得的线损率；c' 为现场电流互感器倍率；c 为系统电流互感器倍率；P_k 为供电量；P_t 为用电量；

使用隶属函数 $\mu_z(x)$ 判断估算所得线损率 L' 是否在正常范围内，具体步骤如3）所示，如果线损率正常，则修正电流互感器倍率，判断异常原因包含电流互感器实际倍率与系统中电流互感器倍率不一致；接着判断现场变压器与表计是否对应一致，如果现场变压器与表计对应不一致，则说明变压器与表计对应关系错误，需要修改用户与变压器对应的关系；继续检查电能表是否正常，如果电能表异常，则维修电能表；然后检查负荷是否正常，如果三相负荷不平衡，则判断线损率异常原因包括二次负荷较大，要调整负荷；最后总结线损率异常的原因并输出，转入7）。

6）当异常线损率为高线损率时，通过线损率估算公式和皮尔逊系数来判断异常原因，具体步骤如下：

① 初步分析高线损率异常原因，导出台区全部的线损率，对台区的功率因数进行分析，判断台区功率因数是否正常，如果台区功率因数小于0.9，则该台区功率因数异常，异常原因为台区的无功功率过大；如果台区功率因数正常，则转入②。

② 具体分析高线损率异常原因：首先判断高线损率持续时间是否长，线损率异常时段 T 是否大于 T_z，如果 $T \geq T_z$，则判断高线损率持续时间较长，判断台区线损率长时间偏高，线损率异常原因为变压器三相负荷不平衡，否则判断高线损率持续时间短，进入③。

③ 判断短时间内线损率是否变化大，首先导出台区全部线损率历史数据，任取 N 个时长与线损率异常的时段一致的时间，计算对应时间内线损率的方差 σ_z^2，取其均值 X，方差计算公式如下：

$$\sigma^2 = \frac{\sum(X-\mu)^2}{N} \tag{4-42}$$

式中，σ 为总体方差；X 为线损率变量；μ 为线损率均值；N 为所取的线损率时段个数。

使用方差计算公式得到异常线损率的方差 σ_y^2，如果 $\sigma_y^2 > bX$，则判断台区线损率短时间内变化大，转入④进行具体分析，否则进入⑤。

④ 在台区线损率短时间内变化大的情况下，对线损率异常的原因进行分析，包括如下步骤：首先是导出台区用户用电量，并按估算公式计算线损 $\Delta P\%_{g2}$，该

估算公式同式（4-40）。

利用隶属函数判断计算所得的线损率 $\Delta P\%_{g2}$ 是否正常，具体步骤如 3）所示，如果线损率不在正常范围内，则可判断出线损率异常的原因包含临时性的紧急用电量未计入台区、抄表未到位或存在窃电问题，需要更新用户档案；接着检查现场终端情况；然后确认电流互感器是否正常工作，如果异常，则进行维修；再判断公用变压器总表与用户表计的状态，并进行恰当的维修；然后检查用户负荷的状态，如果异常，则进行相应的调整；最后总结可能导致线损率异常的原因，转入 7）。

⑤ 台区线损率超大时，对线损率异常的原因进行分析，具体步骤如下：

首先导出台区和用户的用电量，按估算公式进行线损率计算，分析用户用电量是否与线损率异常有关；再利用皮尔逊相关系数来判断用户用电量与台区线损率的关系。

皮尔逊系数的绝对值越大，台区线损率与用户用电量的相关性越强，如果皮尔逊系数达到强相关范围，则线损率异常与该用户有关，该用户存在偷电、漏电现象或该用户的电能表出现故障，否则进入下一步分析；接着导出营销与公用变压器的对应关系，检查营销与公用变压器的对应关系是否正常，如果营销与变压器对应关系错误，则修正用户与变压器关系，并判断出台区线损率异常的原因为变压器关系错误；接着导出台区用户用电量，并按估算公式计算线损 $\Delta P\%_{g3}$，该估算公式同式（4-40）。

判断计算所得的线损率 $\Delta P\%_{g3}$ 是否正常，具体步骤如 3）所示，如果线损率不在正常范围内，则判断出线损率异常的原因为户表采集问题、有用电量未计入台区，要对采集数据在表计中缺失的采集设备进行整改；然后检查现场终端是否正常，如果现场终端异常，则进行终端处理，直至现场终端正常；接着分析电流互感器倍率是否与系统一致，如果电流互感器倍率与系统不一致，则判断为互感器倍率错误问题，以现场实际倍率估算线损率 L'，该估算公式同式（4-41）。

使用隶属函数 $\mu_z(x)$ 判断估算所得线损率 L' 是否在正常范围内，具体步骤如 3）所示，如果线损率正常，则修正电流互感器倍率；接着判断现场变压器与表计是否对应一致，如果现场变压器与表计对应不一致，则说明变压器与表计对应关系错误，需要修改用户与变压器对应的关系；再进行系统关联维护；最后总结线损率异常的原因并输出，进入 7）。

皮尔逊系数 r 的数学表达式同式（4-32）。

7）整理分析所得的线损率异常原因并输出。

4.4.3　基于数据分析和专家经验联合的线损率异常研判方法

多维场景下基于数据分析的同期线损率异常自动判别总体流程图如图 4-15 所示。首先，导入台区线损率历史数据，基于台区用户特性构建多维场景；其次，利用基于专家经验的模糊规则判断线损率异常情况，确定异常时间段 T1，并基于历史数据聚类建立台区线损率标准库，确定线损率异常时间段 T2；接着，判断 T1、T2 是否为空集，若是，则台区线损率正常，若否，则确定异常时间段 T3 = T2∩T1；基于历史数据生成该异常台区的用电量标准库和异常库，通过异常时间段 T3 定位异常用户；然后，判断 $\{P_n\}$ 是否为空集，若 $\{P_n\}$ 不为空集，则分析出所有异常用户，得到台区线损率异常情况，若 $\{P_n\}$ 为空集，则通过专家库分析台区特性并找出异常原因，得到台区线损率异常情况。

基本步骤如下：

1）导入台区线损率历史数据，基于台区用户特性构建多维场景。

基于台区用户特性构建多维场景的具体步骤为：

① 导入台区线损率数据，对线损率数据的特征进行分析；

② 根据线损率数据的特征判断台区用户特性；

③ 通过台区的用户特性构建多维场景。

2）利用基于专家经验的模糊规则判断线损率异常情况，确定异常时间段 T1，具体步骤如下：

① 获取台区的线损率历史数据；

② 根据台区的线损率历史数据建立模糊规则中的隶属函数；

③ 通过得到的隶属函数对线损率进行分类，从而确定各线损率异常时段。

具体步骤内容与数据驱动下台区线损率异常时段智能辨识方法中的步骤 1）、2）、3）一致。

3）基于历史数据聚类建立台区线损率标准库，确定线损率异常时间段 T2，具体步骤如下：

① 对线损率历史数据进行聚类分析，得到正常线损率值的范围；

② 根据正常线损率值的范围对台区线损率进行判断，若该时段线损率在正常线损率值的范围内，则该时段线损率正常，否则，该时段为异常时段；

③ 对判断结果汇总得到线损率异常时间段 T2。

4）判断 T1、T2 是否为空集，若是，则台区线损率正常，若否，则确定异常时间段 T3 = T2∩T1。

5）基于历史数据生成该异常台区的用电量标准库和异常库，通过异常时间段 T3 定位异常用户，具体步骤如下：

① 计算与各线损率异常时段对应的用户用电量异常时段的重合度；

② 根据专家经验建立模糊规则中关于线损率异常时段和用户用电量异常时段

重合度的隶属函数；

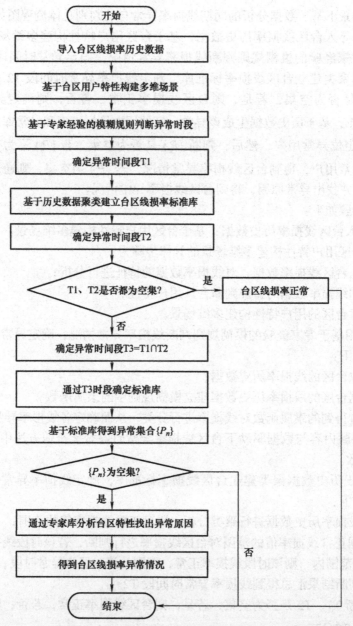

图 4-15　多维场景下基于数据分析的同期线损率异常自动判别总体流程图

③ 利用得到的隶属函数分析线损率异常时段和用户用电量异常时段之间的关系，找出异常关联用户。

具体步骤内容与数据驱动下台区线损率异常时段智能辨识方法中的步骤 5)、6)、7) 一致。

6) 判断 $\{P_n\}$ 是否为空集，若 $\{P_n\}$ 不为空集，则分析所有异常用户，得到台区线损率异常情况，若 $\{P_n\}$ 为空集，则进入步骤通过专家库分析台区特性并找出异常原因，得到台区线损率异常情况，通过基于模糊推理的配电台区线损率异常成因智能辨识方法来对线损率异常成因进行分析。

7) 输出线损率异常预警信息，显示线损率异常时段、异常关联用户以及线损率异常原因。

4.5　实例分析

本节以西塔公用变 02# 为例，采用上述方法进行线损率异常分析。在 2019 年 3 月 6~19 日，线路线损率在 3.75%~5.73% 间波动。在 3 月 20 日，该台区线损率达到峰值，为 20.45%，远远超过正常线损率。该台区的历史线损率曲线趋势平稳，异常线损率判别简单，方便定位异常时间段。西塔公用变 02# 历史线损率曲线如图 4-16 所示。

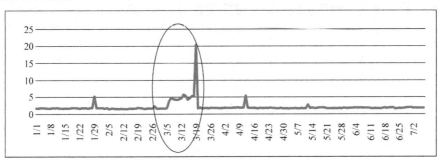

图 4-16　西塔公用变 02# 历史线损率曲线

线损率标准库的生成

对该台区历史线损率进行 K-means 聚类分析，利用 python scikit-learn 模型实现功能。

本节以西塔公用变 02# 为例，采用上述方法进行数据分析，结合使用软件 IBM SPSS Statistics 25 对该台区历史线损率进行 K-means 聚类，将聚类数设置为 3，得到最终聚类中心和每个聚类中的个案数目，如表 4-2 和表 4-3 所示。

表 4-2　最终聚类中心

	聚类		
	1	2	3
VAR00001	4.79	1.80	20.45

表 4-3　每个聚类中的个案数目

聚类	1	15.000
	2	172.000
	3	1.000
有效		188.000
缺失		.000

　　由表 4-2、表 4-3 可知，找出个案数目最多的聚类为聚类 2，共有 172 个；确定聚类 2 的聚类中心为 1.8，则评判规则 $|\mathrm{LLR}_i-x|\leqslant r+\Delta r$ 中的 x 为 1.8；计算聚类 2 中所有点到聚类中心 x 的距离并取最大值，不难求出 r 为 1.01，考虑到未来该台区的线损率会实时发生变化，故设置一个误差值 Δr。为了方便理解，评判规则可用雷达图表示，如图 4-17 所示。

　　如图 4-17 所示，圆形边框之内的线损率均满足评判规则，里面的所有元素构成了西塔公用变 02# 台区线损率标准库；其余线损率则构成了台区线损率异常库，并将对应的日期也一同存放在异常库中。标准库是以区间存在的，又计及误差 Δr 的影响，故将该台区的历史线损率标准库设置为 [0.6，3]。

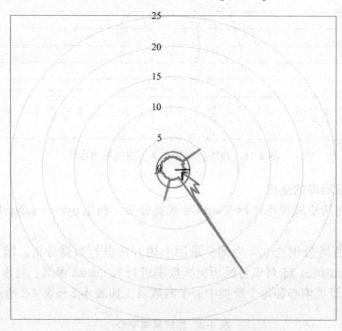

图 4-17　西塔公用变 02# 台区线损率雷达图

　　也可利用 python scikit-learn 模型生成台区历史线损率的标准库和异常库，如图 4-18 所示。

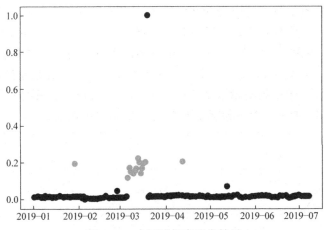

图 4-18　台区线损率聚类结果

与通过评判规则$|LLR_i - x| \leqslant r + \Delta r$建立的台区历史线损率标准库和异常库结果完全一致。根据已经生成的异常台区线损率异常库确定异常时间段 T，并规定 T 是时间区间。换言之，T 必须由若干个连续的日期组成。由图 4-18 可知，该台区的历史线损率异常库由两部分组成：一部分是以 4.79 为聚类中心，个案数目为15 个；另一部分是以 20.45 为聚类中心，个案数目为 1。

若要确定异常时间段，必须研究异常库中的数据及其特点。在此不妨做个假设：忽略线损率波动较小且周期为 1 ~ 2 天的时间段。以西塔公用变 02# 台区为例，异常库中对应的异常时间段分别为 1 月 29 日、3 月 6 ~ 19 日以及 4 月 12 日。若线损率只在 1 天发生了异常，由于不具有规律性和持续性，可忽略不计。故该台区的异常时间段可初步判断为 3 月 6 ~ 19 日。

通过对样本集 $\{W_j\}$ 各用户电量和台区线损率的皮尔逊系数计算，设置阈值 θ 为 0.6，得到和线损异常关联性较大（$r_j > 0.6$）的用户电量集合 $\{W_k\}$，皮尔逊系数计算结果见表 4-4。

表 4-4　集合 $\{W_k\}$ 中各用户数据的皮尔逊系数、欧式距离及匹配度计算结果

用户编号	皮尔逊系数 r	欧式距离 D_E	匹配度 P
5×××××158	0.7675	1.1836	0.3062
7×××××016	0.6052	1.4834	0.2269
5×××××813	0.6017	1.2997	0.2726
5×××××740	0.6629	2.6044	0.0739
5×××××803	0.6198	2.3217	0.0981

取 $\mu_1 = 0.7$，$\mu_2 = 0.3$，阈值 $\alpha = 0.3$，则西塔公用变 02# 台区皮尔逊系数和欧氏距离加权求和后的匹配度 P 计算结果见表 4-4。

由表 4-4 可知，西塔公用变 02# 台区下用户编号为 5×××××158 的用户历史用电量最大，且其匹配度 $P = 0.3062$ 大于阈值 0.3，可以认为该用户异常用电嫌疑最大。同时，也可以使用折线图来验证该用户用电量与台区线损率的相关情况，如图 4-19 所示。该台区的损失电量与 5×××××158 用户用电量的变化情况接近完全吻合，即台区的损失电量跟随 5×××××158 用户用电量的变化而变化，同时也验证了皮尔逊相关系数和欧式距离的计算结果完全正确。

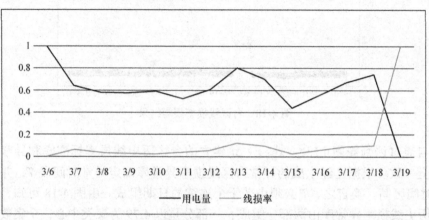

图 4-19　3 月 6 ~ 19 日该台区线损与 5×××××158 用户用电量变化折线图

综上，本章提出一种单场景下基于历史数据的台区线损异常关联用户精准定位方法，避免了人工对于海量数据的计算，从而提高了用户定位的准确性；在历史线损率 K-means 聚类结果的基础上，结合使用 IBM SPSS Statistics 25 软件和 python sklearn 模型，建立了台区线损率标准库和异常库，为线损率异常的判断提供了依据；从用电数据缺失值、噪声值和归一化三个处理方面展开，针对用电数据进行预处理，得到具有研究意义的用户电量集合 $\{W_j\}$；计算异常时间段 T 内有效用户电量集合 $\{W_j\}$ 中各用户电量和线损率的皮尔逊系数 r_{xy}，确定和线损异常关联性较大的用户电量集合 $\{W_k\}$，进一步缩小嫌疑用户范围，节省了计算迭代时间；计算和线损异常关联性较大的用户电量集合 $\{W_k\}$ 中用户电量和线损率两条曲线改进的欧氏距离 D_E，并计算皮尔逊系数和欧式距离的权重系数，精准定位所有异常用户；还采用西塔公用变 02# 台区历史用电量和线损率数据作为样本来进行实验分析与验证，增强了算法的说服力。

第 5 章

同期线损精细化管理应用案例及分析

5.1 同期线损精益模型及预测系统案例分析

5.1.1 案例背景概述

本节的案例分析数据从 A 地区随机抽取用电类别 403 普通工业的 1000 个高压用户，2017 年 1 月 20 日至 2018 年 9 月 30 日的共计 54 万条高压用户日电量数据，进行同期线损预测模型的设计和分析。表 5-1 展示了部分用户数据。

表 5-1 基础数据样例

户号	户名	用电类别代码	用电类别名称	所属单位代码	所属单位名称	所属单位上级地市	电量日期	正向电量
7529741807	××市××工贸有限公司	403	普通工业	3540402	荔北客户服务分中心	××省电力有限公司××电业局	2018/2/1	316
0715000170	××有限公司（长升）	403	普通工业	3540401	城区客户服务分中心	××省电力有限公司××电业局	2018/2/1	0.15
0731161229	××新型建材有限公司	403	普通工业	3540402	荔北客户服务分中心	××省电力有限公司××电业局	2018/2/1	427.8
6105015771	××服饰有限公司	403	普通工业	3540404	仙游县供电有限公司	××省电力有限公司××电业局	2018/2/1	441
5359637760	××市××粮食购销有限公司	403	普通工业	35402050108	同安营销所	××省电力有限公司××电业局	2018/2/1	934.4
0710310047	××市××佳运制衣有限公司	403	普通工业	3540402	荔北客户服务分中心	××省电力有限公司××电业局	2018/2/1	205.2

（续）

户号	户名	用电类别代码	用电类别名称	所属单位代码	所属单位名称	所属单位上级地市	电量日期	正向电量
7548983172	××市×××古典家具有限公司	403	普通工业	3540404	仙游县供电有限公司	××省电力有限公司××电业局	2018/2/1	1110.4
0710420426	××村（十一村民组）	403	普通工业	3540402	荔北客户服务分中心	××省电力有限公司××电业局	2018/2/1	32
7521536416	××动力设备有限公司	403	普通工业	35402050201	翔安营销所	××省电力有限公司××电业局	2018/2/1	1424.8
…	…	…	…	…	…	…	…	…

5.1.2 系统框架和涉及流程

1.同期线损精益模型和预测系统设计流程

同期线损精益模型和预测系统研究的总体流程分为数据源、数据采集、数据分析、业务应用、展示 5 大部分。具体信息如图 5-1 所示。

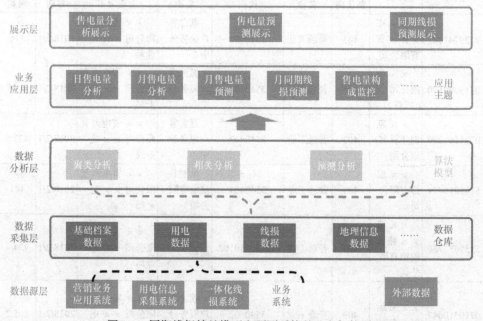

图 5-1 同期线损精益模型和预测系统的业务架构图

1）数据源层：应用格式化存储技术整合海量数据对所有相关数据进行标准化格式存储，依据应用需求存储在大数据平台分布式文件系统中。建立大数据平台，部署 Hadoop 分布式文件系统、分布式大数据仓储，并以售电量监控 / 分析、售电量预测、同期线损预测等主题为基础建立大数据主题仓库，实现各类大数据的集中存储与统一管理。通过流计算、内存计算、批量计算、查询计算等多种分布式计算技术满足不同时效性的计算需求。流计算面向实时处理需求，用于在线统计分析、过滤、预警等应用；内存计算面向交互性分析需求，用于在线大数据查询和分析；批量计算面向大批量大数据的离线分析；查询计算为大数据库脚本查询技术，主要利用脚本查询形成统计分析报表。

内部数据主要为营销业务应用系统的客户基础档案数据，用电信息采集系统的日常用电数据，一体化线损系统的线损数据。数据获取方式：采用 Sqoop 工具从关系型数据库抽到大数据平台，目前频率为每日进行一次数据更新。

外部数据主要为外部环境数据（地域、天气、时间、气温、降雨量、PM2.5 指数、重要活动等）、外部经济数据（GDP、人口、各行业产值等）。数据获取方式：外部环境数据通常使用 Python 网络爬虫的方式进行实时获取；外部经济数据将主要来源于某省各地市统计局出具的年鉴，通常使用 load 方式加载到大数据平台。数据质量是分析的基础，错误缺失的数据将无法准确进行数据分析与监控。"数据处理"模块将验证诸如客户档案、日冻结电量等关键数据是否存在缺失，对关键性数据缺失进行数据补充；验证是否存在诸如负线损率等不合理的异常数据，对异常数据进行删除。

2）数据采集层：建立了大数据集群虚拟化系统，部署 Hadoop 分布式文件系统，部署 Oracle 数据清洗服务器以及 Web 系统发布服务器，实现海量数据分布式存储与运算。

3）数据分析层：以聚类、分类、灰色关联、多元线性回归等算法为依托，将用电预测、同期线损预测为主题进行数据分析和建模。

4）业务应用层：包括售电量构成监控 / 分析、售电量预测、同期线损预测。具体包括如下模块：日售电量分析、月售电量分析、月同期线损预测、月售电量预测、售电量构成监控等模块。

5）展示层：将用电行为、缴费行为、欠费行为、故障报修、气象因素、用电负荷等情况通过可视化、统计报表、分析报告等方式展示，输出典型用户行为特征及其分布，用户用电习惯、用电关联因素以及潜在欠费风险预测等。

2. 同期线损精益模型及预测系统平台架构

如图 5-2 所示，以开源组件为核心，使用开源组件的定制版本作为增强，使用 Oracle、Cloudera 发行版本的 Hadoop（CDH）、Tableau 等 BI 展示工具，结合 Spark、Kafka 等组件来构建平台的软件体系。预测和分析数据均是来自于 Oracle 数据库系统的关系型数据，数据一经导入到服务器中，经过 ETL 工具（Sqoop）或者消息分发订阅系统（Kafka+Flume）接入到大数据平台下存储（HDFS /Hive/ Hbase），再经过面向主题分析的数据预处理后建模和计算（MapReduce/Spark），形成结果数据存储在数据仓库（Hive）或者交由 Impala 调度完成数据交互。

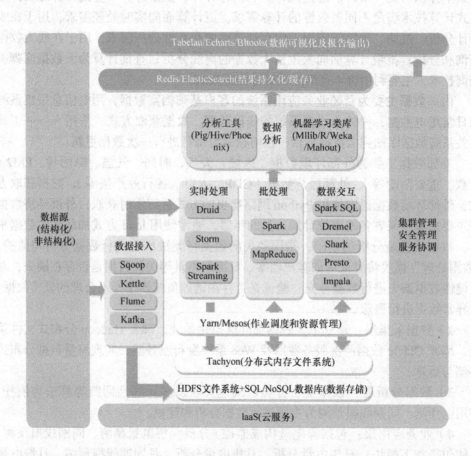

图 5-2　平台软件架构图

5.1.3　系统主要功能介绍

软件功能说明

如图 5-3 所示，同期线损精益模型及预测系统除必备的数据基础管理功能模块外还包括售电量监控 / 分析模块、预测模块两大核心功能模块。该系统针对用户分析、售电量以及线损预测情况进行分析，输出售电异常事件、售电量预测及同期线损预测等。

在日售电量分析界面中，如图 5-4 所示，实现日售电量展示、近期一月售电量曲线图展示、日电量异常事件列表、地区售电量分析、行业售电量分析、分压售电量分析。

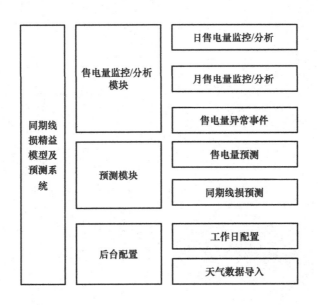

图 5-3　软件功能分解图

在月售电量分析界面中，如图 5-5 所示，实现日售电量展示、近期一年月售电量曲线图展示、月电量异常事件列表、地区售电量分析、行业售电量分析、分压售电量分析。

在地区售电量分析中，可以按照售电量 / 电量变化 /7 日异常事件数查询区县的售电量情况及排名，并辅之以条状图展示。在行业售电量分析中，可以按照售电量 / 电量变化 /7 日异常事件数查询高压用户的售电量情况及排名。

在月度售电量预测界面中，如图 5-6 所示，实现了对月度售电量预测，其中可以按照不同统计类型（统计售电量 / 同期售电量）进行地区 / 行业售电量预测。同时可以展示高压用户数、完成抄表数、预计同比 / 环比等关键信息。

在月同期线损预测界面中，如图 5-7 所示，实现了对月度线损率预测，其中可以进行地区 / 行业售电量预测。同时可以展示温度变化、售电量变化、本月节假日等关键信息。

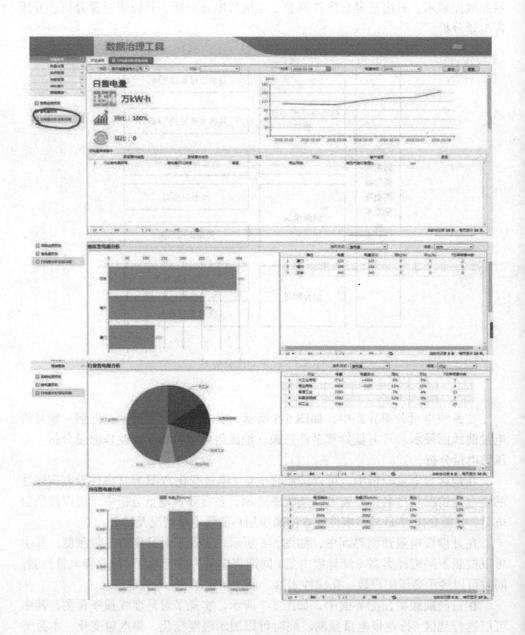

图 5-4　日售电量分析界面展示图

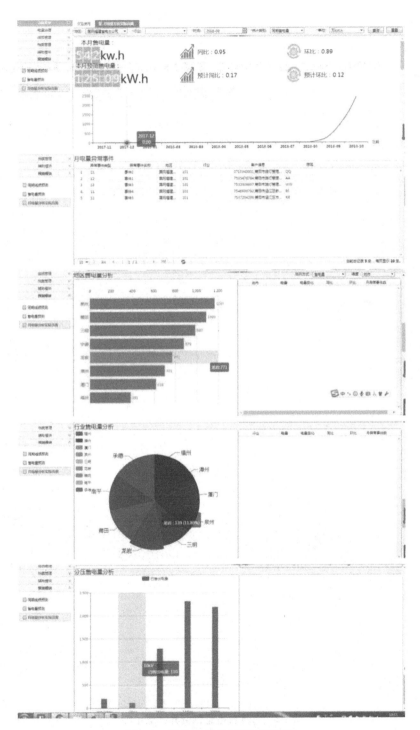

图 5-5　月售电量分析界面展示图

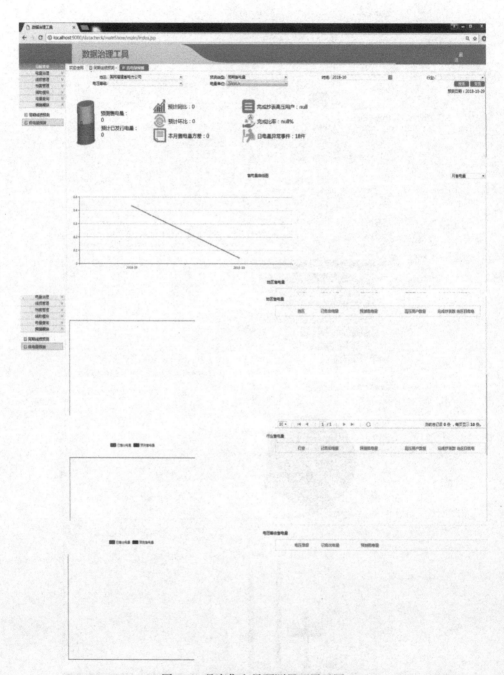

图 5-6　月度售电量预测界面展示图

图 5-7　月同期线损预测界面展示图

5.2　台区同期线损率异常智能辨识系统案例及分析

5.2.1　案例背景概述

案例选用 A 公用变 02# 和 B 公用变 04 两个台区进行具体分析。其中，A 公用变 02# 台区拥有 1 台 S9 系列的配电变压器，连接用户共 120 户，大部分是普通的居民用户，也有一些公共设施、小型公司以及国有企业；而 B 公用变 04 台区拥有 1 台 S8 系列的配电变压器，连接用户共 53 户，大部分是普通的居民用户，也有极少量公共设施和小型企业。这两个台区的线路线损率常年稳定在 3.5% ~ 6.0% 之间，偶尔会达到峰值，超过正常线损率。但总体来说，其历史线损率曲线趋势相对平稳。

5.2.2　数据交互及解析方法

1. 数据格式介绍及转换

考虑到系统的可扩展性，系统设计时将不同的数据格式和数据源转变为统一的计算数据格式，方便系统进行计算。在系统进行数据分析之前，需要按照一定的 Excel 表格式对原数据进行预处理，否则分析的时候会出错。如图 5-8 所示，如果原数据中重复的数据、未采集到的数据或者出现大面积为 0 的数据，可能会造成分析结果偏差。此时，可以将这些明显有问题的数据删除，或者重新收集正确的数据填入，以确保系统分析结果的准确性和可靠性。

用户编号	用户	日期	12/1	12/2	12/3	12/4	12/5	12/6	12/7	12/8	12/9	12/10	12/11	12/12	12/13	12/14	总用电量
5600283376	洪祖良		263.67	243.34	209.61	226.66	216.64	207.01	255.93	220.45	268.49	306.38	166.77	249.3	253.06	257.3	3344.63
0	洪祖良		13184	12167	10481	11333	10832	10351	12797	11023	13425	15319	8338.5	12465	12654	12865	167232
5600315943	洪金龙		34.8	61.95	43.19	58.31	52.16	47.6	44.39	56.33	53.5	48.36	52.96	52.06	60.34	66.24	732.19
5600316779	西塔四号路灯		43.89	43.78	43.64	43.69	43.68	43.77	43.84	43.76	43.44	43.52	43.99	43.9	43.58	43.12	611.6
7658389020	晋江市英林镇福绣服装加工厂																0
5600315944	洪天福		7.46	7.2	8.57	7.01	5.52	6.72	4.7	10.65	10.33	5.61	7.6	5.43	6.73	7.15	100.68
5600315988	王幼言		4.62	8.06	5.15	8.1	6.14	6.03	4.53	6.07	7.69	5.08	7.18	5.9	6.98	7.2	88.73
5600315960	洪祖质																0
7533636166	晋江市英林镇天庆农场		14.21	18.14	4.77	11.41	11.31	6.81	3.2	12.94	2.45	4.12	11.6	30.52	32.73	5.89	170.1
5600316767	洪秀款		0	0.01	0.01	0.01	0.01	0	0.01	0.01	0.01	0	0	0.01	0.01	0.01	0.11
5600086649	林淑贞		0	0	0	0	0	0	0	0	0	0	0	0	0	0	0
5600086652	洪建源		0	0	0	0	0	0	0	0	0	0	0	0	0	0	0
5600094751	洪秀款		0	0	0	0	0	0	0	0	0	0	0	0	0	0	0
5600094754	洪文添		0	0	0	0	0	0	0	0	0	0	0	0	0	0	0
5600315965	王幼言		0	0	0	0	0	0	0	0	0	0	0	0	0	0	0
7533488350	洪妮蟬		0	0	0	0	0	0	0	0	0	0	0	0	0	0	0
7541522129	洪清响		0	0	0	0	0	0	0	0	0	0	0	0	0	0	0
7592972063	晋江市英林镇联音养蜂场		0	0	0	0	0	0	0	0	0	0	0	0	0	0	0
	台区线损		1.58	1.69	2.87	2.01	2.62	3.33	2.77	1.75	1.76	3.41	3.47	3.83	3.7	2.91	

图 5-8　数据格式文件

（1）线损及用电异常分析的数据格式

进行线损及用电异常的分析之前，将原数据按给定格式处理完成后，可以通过"导入文件"的功能，将处理后的数据导入系统，进行计算分析。

如图 5-9 所示，表中第 1 行第 1 列是一段提示性话语，不输入任何数据。第 2 行第 1 列和第 2 行第 2 列分别是固定的索引：用户编号、用户和日期；第 2 行第 3 列一直到第 2 行倒数第 2 列，输入的是具体日期；第 2 行最后 1 列也是固定的索引：总用电量。从第 3 行开始，一直到倒数第 2 行为止，按照用户编号、用户名称、每日用电量以及总用电量的顺序，填入需要进行分析的具体数据。最后 1 行第 1 列为空，不输入任何数据；最后 1 行第 2 列是固定的索引文字：线损；从最后 1 行第 3 列，一直到最后 1 行倒数第 2 列，依次填入每日的线损率数据。

最后 1 行最后 1 列为空，不输入任何数据。

图 5-9　线损及用电异常分析格式文件

（2）同期线损算法分析数据格式

进行同期线损算法分析之前，将原数据按图 5-10 的格式处理，通过"导入文件"的功能，将处理后的数据导入系统，进行计算分析。

图 5-10 为数据格式的展示，图中第 1 行第 1 列是一段提示性话语，不输入任何数据。从第 2 行开始，可以依次输入各个变量的数据，每一行表示的是一个变量的所有数据，每一列表示的是当前变量中的某个数据。

A	B	C	D	E	F	G	H	I	J	K	L	M	N	O	P	Q	R
13.86	54.12	65.75	67.78	54.8	46.19	47.77	37.16	42.98	31.45	11.57	5.99	2.93	2.93	3.01	2.95	4.89	4.26
75.06	77.39	70.17	74.09	65.23	76.86	64.92	57.31	47.62	62	55.99	67.57	61.3	66.18	56.31	60.82	86.44	71.32
43.86	43.24	43.53	42.94	43.63	43.57	43.11	43.25	43.29	43.02	43.6	43.48	43.9	43.44	43.37	43.28	43.31	43.62
0.08	0.08	0.08	0.08	0.08	0.08	0.08	0.08	0.08	0.08	0.08	0.04	0	0	0	0	0	0
37.53	32	42.13	28.83	37.1	31.78	26.54	25.65	26.32	23.53	23.72	27.45	40.79	46.92	25.01	21.55	23.64	21.61
25.36	21.93	24.83	22.91	23.08	22.7	25.42	26.2	27.93	22.55	22.32	22.55	22.74	22.25	30.34	39.9	43.98	
25.73	23.83	22.11	29.18	23.5	22.69	23.9	20.67	21.76	26.12	24.1	27.48	21.49	25.08	24.76	26.05	25.44	29.99
30.37	33.4	35.1	25.46	28.88	28.92	23.9	33.4	23.87	24.2	29.25	30.2	30.2	30.14	27.33	26.52		
27.25	24.51	27.54	24.81	22.63	25.75	24.89	24.49	27.14	21.1	23.09	27.52	25.99	19.36	22.52	17.09	24.44	20.9
41.39	36.65	34.76	36.92	39.9	28.28	30.48	32.3	33.1	34.84	34.44	36.68	30.81	30.64	36.73	36.39	28.1	
35.4	30.59	29.44	27.33	33.06	23.28	27.71	29.92	22.9	28.25	24.73	18.79	33.17	26.3	30.59	29.85	19.25	
9.52	11.03	10.04	9.91	8.68	13.65	10.07	10.28	9.3	10.47	9.77	10.33	10.91	11.32	11.71	11.34	9.8	10.19
27.8	29.13	27.66	27.2	27.4	30.68	23.5	25.23	24.06	22.15	27.05	23.5	28	25.97	28.83	30.34		
20.8	22.48	24.42	20.64	22.8	25.83	19.34	17.17	16.79	18.15	18.31	24.19	24.7	15.56	19.34	17.15	16.48	17.99
25.61	23.64	24.47	21	20.96	23.77	23.69	21.76	21.93	27.28	24.4	26.44	24.31	21	22.61	20.99	24	
22.36	22.61	24.15	19.84	20.83	20.42	18.79	18.06	22.77	19.34	23.48	20.91	26.1	16.59	23.22	24.61	27.14	23.85
57.78	34.59	27.47	40.58	13.21	0.31	0.53	0.32	17.86	19.3	0.16	20.24	27.13	27.19	14.88	3.32	0.37	0.39
16.9	14.37	14.25	12.31	13.79	16.98	14.07	15.07	19.02	15.2	20.03	27.47	26.18	14.85	13.44	11.9		
13.52	22.01	20.72	21.55	21.53	22.41	22.2	21.38	23.99	21.37	22.88	24.3	20.77	20.61	18.29	17.49	16.06	
22.27	24.8	27.33	26.02	24.86	25.16	20.69	21.33	14.59	17.31	19.03	19.46	27.19	23.6	21.49			
47.91	37.68	47.33	48.18	44.11	19.4	14.37	13.3	11.37	12.57	11.05	12.41	8.74	8.99	9.23	7.51		
19.43	25.54	18.63	14.9	14.66	15.63	15.89	16.66	18.59	13.87	14.04	16.24	16.85	14.13	11.36	16.43	13.82	21.1
13.75	16.66	12.87	18.42	12.68	11	11.82	11.56	11.75	11.06	18.2	11.85	13.16	11.36	15.53	12.58	16.17	11.6
12.95	12.34	12.95	12.71	17.07	16.48	16.59	22.31	19.47	18.14	21.99	27.66	17.91	17.72	17.06	16.17	16.71	
0.28	23.76	51.27	18.16	8.45	0.25	7.14	2.39	0.63	2.87	0.69	6.82	0.7	44.03	0.29	0.26	0.25	0.08

图 5-10　同期线损算法格式文件

2.解析数据文件

系统对 Excel 表的数据进行分析，需要将 Excel 表中的数据读取出来，并转换为系统内部的变量形式进行储存，再对相应数据进行相关操作。

系统通过使用 PyQt5 中所提供的标准文件对话框，进行读取 Excel 表格文件地址的操作，如图 5-11 所示，通过设定全局变量保存读入地址，并通过使用 Python 语言中的第三方扩展库 Pandas，进行读取 Excel 表格中数据的操作，将读出的数据保存为 DataFrame 格式的矩阵变量，以方便后续对数据进行相应的分析以及处理。DataFrame 是一种数据框格式，其单元格可以存放数值、字符串等，和 Excel 表很像，可以作为解析数据的关键桥梁。

```
file = QFileDialog.getOpenFileName(self,"选择文件","C:/","Excel files(*.xlsx , *.xls)")
global filepath
filepath = file[0]
if len(filepath) > 0:
    df = pd.read_excel(filepath)
```

图 5-11　Excel 表的解析方法

5.2.3　系统主要功能介绍

台区线损率异常智能辨识系统主要有四大部分功能，可以从多个角度对线损率异常情况进行分析：第一部分功能，可以对现有数据进行分析，进而提炼出台区线损率场景的划分规则，并生成各自场景下的线损率标准库；第二部分功能，可以根据线损率和用电量数据，对台区线损率异常情况及其关联用户进行分析；第三部分功能，可以基于人工经验建立相应的专家系统，对台区线损率及用户用电异常情况进行分析；第四部分功能，主要是将台区线损率异常情况分析过程中所用到的算法，单独拿出来实现各个算法的功能，如图 5-12 所示。

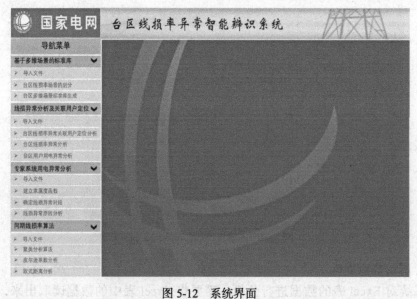

图 5-12　系统界面

1. 基于多维场景的标准库

（1）导入文件

该部分功能用于导入需要进行分析处理的具体数据，且只能导入 Excel 表格数据，需优先执行，否则无法进行其他操作。

如图 5-13 和图 5-14 所示，该功能通过“打开文件”的标准对话框，进行数据文件的读取操作，并且通过表格控件将 Excel 表里的数据显示出来，实现了导入文件的可视化和可操作性。

图 5-13　文件导入界面

Sheet2

	1	2	3	4	5	6	7
1	用户编号	用户　　日期	2019-01-01 ...	2019-01-02 ...	2019-01-03 ...	2019-01-04 ...	2019-01-05 ...
2	5600097158	洪少阳	13.86	54.12	65.75	67.78	54.8
3	7622633890	洪祖疆	75.06	77.39	70.17	74.09	65.23
4	7534208719	中国铁塔股份有限...	43.86	43.24	43.53	42.94	43.63
5	5600336056	晋江时创织造有限...	0.08	0.08	0.08	0.08	0.08
6	5600086943	洪文床	37.53	32	42.13	28.83	37.1
7	5600086808	洪建敏	25.36	21.93	24.83	22.91	23.08
8	7575153676	洪祖尚	25.73	23.83	22.11	29.18	23.5
9	5600086762	洪体育	30.37	33.3	27.82	31.95	25.68
10	5600086809	洪文化	27.25	24.51	27.54	24.81	22.63
11	5600339310	洪建设	41.39	36.61	33.74	36.92	39.9
12	7627338064	洪龙江	35.4	30.59	29.44	27.33	23.06
13	5600086731	洪祖炳	9.52	11.03	10.04	9.91	8.68
14	7510256398	洪我目	27.8	29.11	27.66	27.2	27.4
15	5600086756	蔡佩珊	20.8	22.48	24.42	20.64	22.8

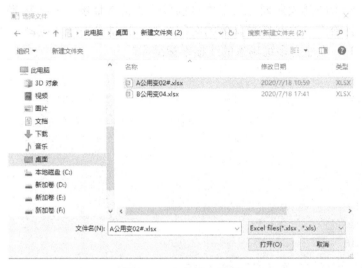

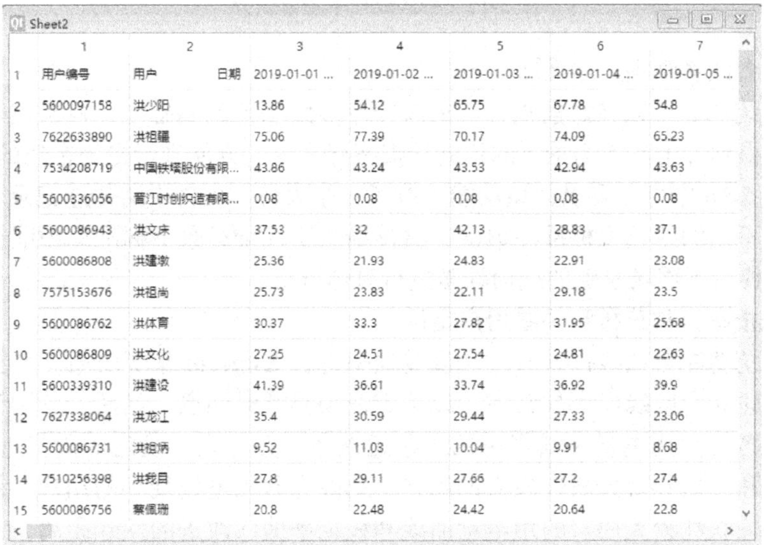

图 5-14　文件可视化界面

（2）台区线损率场景划分

该系统功能通过聚类分析方法，对一年中不同时期的线损率场景进行具体划分，得到线损率的多维场景，方便对不同场景下的线损率进行具体分析。

从图 5-15 中可以看出，该功能生成了 1 张饼图和 1 张表格图。在饼图中，可以清楚地看出，线损率场景一共划分为三部分，第一部分是场景 1，其时间跨度为 1～3 月；第二部分是场景 2，其时间跨度为 4～8 月；第三部分是场景 3，其时间跨度为 9～12 月。另一张表格则清晰地呈现了三个小场景内部更为细致的场景划分，各场景内部大致划分为工作日场景、非工作日场景和特殊节假日场景三个部分，并且给出了这些场景具体的时间跨度。该部分对于线损率场景的具体划分，有助于下一步建立多维场景的线损率标准库。

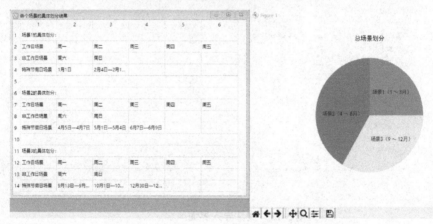

图 5-15　台区线损率场景划分

（3）台区多维场景标准库

该系统功能可以在之前划分出的线损率多维场景的基础上，再次进行聚类分析，从而得到各个具体场景下的不同线损率标准库，方便进行更为精确的分析。

从图 5-16 中可以看出，该功能生成了 1 张表格。表格中清楚地记录着不同场景下各自不同的线损率标准库数值，具体给出了多维场景下标准库中线损率的上下限，方便对不同场景下的线损异常进行具体分析。

2. 线损率异常分析和关联用户定位

本系统功能可以根据现有的台区线损率进行 K-means 聚类分析，并且基于聚类结果，建立台区线损率异常库，以确定线损异常时间段。然后，分别计算异常时间段内各用户用电量和线损率的皮尔逊系数，并与人工设定的阈值进行比较，进而得到和线损异常关联性较大的用户，剔除异常用电嫌疑小的用户。最后，分别计算各关联性较大用户的用电量曲线和线损率曲线改进的欧式距离，并且计算其相关系数和欧式距离的权重系数，再次与人工设定的相关阈值进行比较，以精准定位所有异常用户。

线损率多维场景标准库

	1	2	3	4
1	总场景	具体场景	线损率下限(%)	线损率上限(%)
2		工作日	3.3	3.8
3	场景1	非工作日	3.1	3.6
4		特殊节假日	2.8	3.1
5		工作日	3.6	4.1
6	场景2	非工作日	3.4	3.9
7		特殊节假日	3.1	3.5
8		工作日	3.5	4.0
9	场景3	非工作日	3.3	3.8
10		特殊节假日	3.0	3.4

图 5-16　台区线损率多维场景标准库

（1）台区线损率异常关联用户定位分析

该功能可以筛选出和线损率异常关联性较大的用户，剔除异常用电嫌疑小的用户。并且，计算出各用户用电量和线损率的皮尔逊系数，各关联性较大用户的用电量曲线和线损率曲线改进的欧式距离，以及其皮尔逊系数和欧氏距离加权求和后的匹配度，以便于精准定位所有异常用户。

从图 5-17 可以看出，表中一共筛选出了 5 个和线损率异常关联性较大的用户，并且计算出了他们的皮尔逊系数、欧式距离和匹配度，而且按照匹配度进行了降序排列，匹配度越高，说明该用户的用电异常嫌疑越大。

线损率异常关联用户定位分析结果

	1	2	3	4
1	用户编号	皮尔逊系数	欧氏距离	匹配度
2	5600097158	0.765753204441954	1.1836268186744514	0.6278771369602776
3	5600086813	0.6016943359319404	1.299710429502422	0.5029692516407799
4	7505947016	0.6051732937846607	1.4834040412084104	0.49168054095692293
5	5600086740	0.6629950516486908	2.60441178796865	0.48628052236393826
6	5600086803	0.6197854867434851	2.321796290648957	0.46327900556074136
7	说明：匹配度越高，该用户用电异常嫌疑越大			

图 5-17　线损率异常关联用户定位分析结果

（2）台区线损率及异常用户用电量趋势对比分析

该功能可以精准定位出和线损率异常关联性最大的用户，并且根据所提供的数据，绘制出包含所有时期的台区线损率随时间变化的曲线，以及同时期异常用户用电量的变化图，可以将两者相互比较，以便于进行更进一步的数据分析。

从图 5-18 可以看出，台区线损率变化图出现了极其尖锐的高峰，这说明存在线损率异常的时段，而异常用户同时段的用电量也同样验证了这个结论。

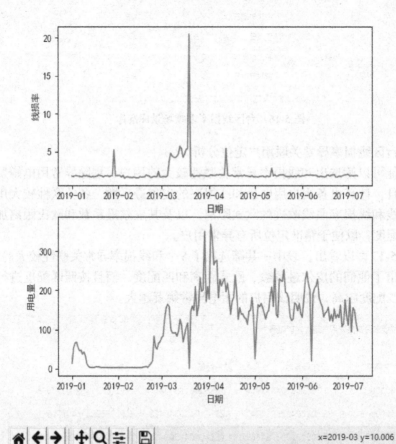

图 5-18　台区线损率及异常用户用电量变化图

（3）异常时段内台区线损率和用户电量对比分析

该功能可以精准定位出异常用户出现异常用电状况的具体时间，即是在哪些天内开始出现异常情况，依此将时间跨度大为缩小，绘制出更小跨度下的更精确的异常用户用电量变化图，以及其对应的台区线损率变化图。

从图 5-19 可以看出，在 2019 年 3 月 18 日当天，台区线损率开始陡然升高，出现异常状况，此时同一时间，异常用户的用电量开始迅速下降，快速归 0。

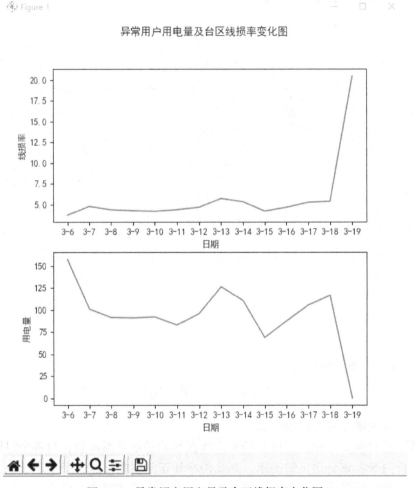

图 5-19　异常用户用电量及台区线损率变化图

3.基于专家系统的用电异常分析

基于专家系统的用电异常分析是系统的一个重要功能，该功能可以根据台区的海量历史线损率数据，建立基于模糊规则的梯形隶属函数，并通过隶属函数确定线损率异常时段以及线损率异常类型，计算异常线损率的持续时间，并进一步分析线损率异常的原因。最后，根据线损率异常类型，分别对高线损率和低线损率的异常情况进行具体分析，以确定线损率异常的具体原因，并给出建议。

（1）建立隶属函数

该功能对台区的历史线损率数据进行 K-means 聚类分析，求得正常线损率的聚类中心以及异常线损率的聚类中心，并且参考国家标准，建立关于线损率的梯形隶属函数，绘制出该函数图，如图 5-20 所示。有了这样的隶属函数，可以方便我们对异常线损率的类型进行划分。

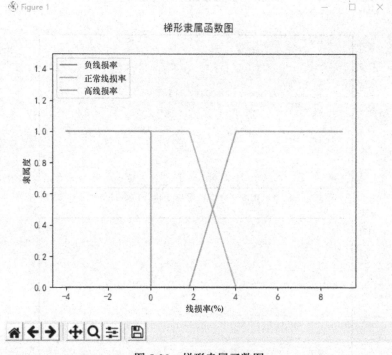

图 5-20　梯形隶属函数图

（2）线损率异常时段的确定

该功能首先会采用已经建立的关于线损率的梯形隶属函数，对各个时段的线损率进行判断，划分出负线损率、高线损率和正常线损率这 3 个集合，完成对异常线损率类型的区分，并且确定该异常线损率所出现的时段。之后，根据不同异常线损率所存在的时间段是否连续，计算出异常线损率所持续的时间，以便于下面对出现异常线损率的具体原因进行分析。

从图 5-21 可以看出，表中记录了 4 项内容，分别是异常线损率出现的日期、异常线损率的数值、异常线损率的类型以及异常线损率持续的时间，通过展示相关异常线损率的信息，便于分析线损率异常的原因。

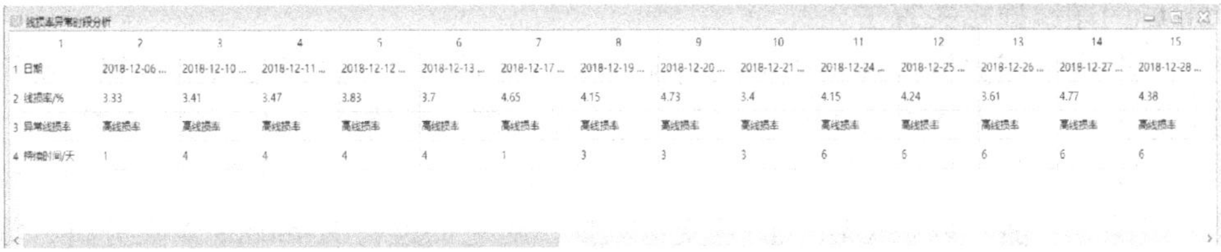

线损率异常时段分析

	1	2	3	4	5	6	7	8	9	10	11	12	13	14	15
1	日期	2018-12-06 ...	2018-12-10 ...	2018-12-11 ...	2018-12-12 ...	2018-12-13 ...	2018-12-17 ...	2018-12-19 ...	2018-12-20 ...	2018-12-21 ...	2018-12-24 ...	2018-12-25 ...	2018-12-26 ...	2018-12-27 ...	2018-12-28 ...
2	线损率/%	3.33	3.41	3.47	3.83	3.7	4.65	4.15	4.73	3.4	4.15	4.24	3.61	4.77	4.38
3	异常线损率	高线损率	高线损率	高线损率	高线损率	高线损率	高线损率	高线损率	高线损率	高线损率	高线损率	高线损率	高线损率	高线损率	高线损率
4	持续时间/天	1	4	4	4	4	1	3	3	3	6	6	6	6	6

图 5-21　线损率异常时段分析

（3）线损率异常原因分析

该功能在已经分析出的异常线损率信息的基础上进一步深挖异常原因。首先，读取异常线损率的时间段以及类型，将负线损率和高线损率分开来进行分析。当异常线损率为负线损率时，参考一定的负线损率标准，进而确定导致负线损率出现的原因；当异常线损率为高线损率时，进一步判断高线损率所持续的时间及其短时间内的变化率，之后再结合该台区用户的用电量数据，分析线损率与用电量的皮尔逊系数，最终确定导致高线损率出现的原因。

从图 5-22 可以看出，该功能生成了 2 张表。第 1 张表在之前确定异常线损率时段的基础上，增加了 1 行异常原因，用于记录各时段异常线损率出现的原因。第 2 张表给出存在采集问题的用户和存在偷电、漏电或电能表故障的用户，并且给出了这些用户各自的用户编号，实现精准定位，以方便下一步采取相关的整改、维修措施。

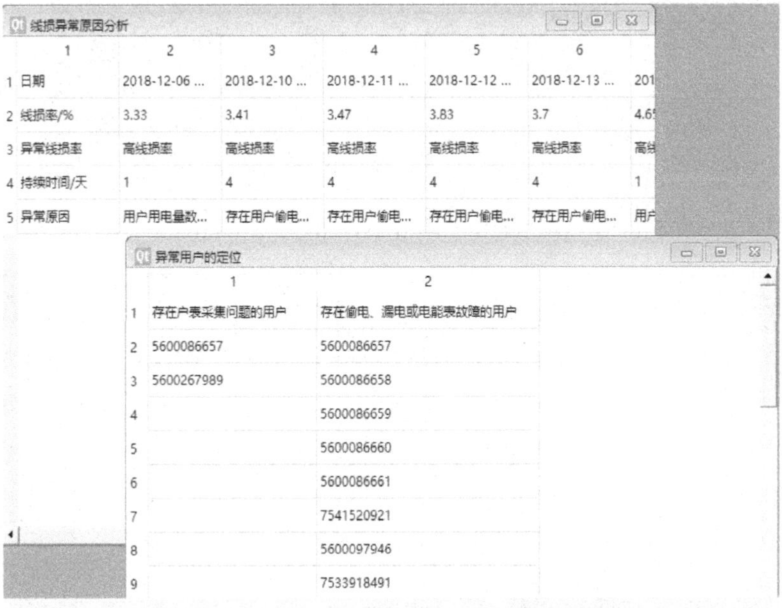

线损异常原因分析

	1	2	3	4	5	6	
1	日期	2018-12-06 ...	2018-12-10 ...	2018-12-11 ...	2018-12-12 ...	2018-12-13 ...	201
2	线损率/%	3.33	3.41	3.47	3.83	3.7	4.6
3	异常线损率	高线损率	高线损率	高线损率	高线损率	高线损率	高线
4	持续时间/天	1	4	4	4	4	1
5	异常原因	用户用电量数...	存在用户偷电...	存在用户偷电...	存在用户偷电...	存在用户偷电...	用户

异常用户的定位

	1	2
1	存在户表采集问题的用户	存在偷电、漏电或电能表故障的用户
2	5600086657	5600086657
3	5600267989	5600086658
4		5600086659
5		5600086660
6		5600086661
7		7541520921
8		5600097946
9		7533918491

图 5-22　线损率异常原因分析

4. 同期线损相关算法

同期线损相关算法线损模型的功能主要包含对线损率进行分析的过程中所用到的算法，将这些算法独立展示，方便每个单一算法的使用和对数据的分析。

（1）聚类分析算法

该部分功能可以根据输入的各变量数据，对它们进行 K-means 聚类分析，输入想要聚类的类数，就可以得到聚类分析的结果，并绘制出其聚类散点图。

从图 5-23 可以看出，输入想要聚类的类数之后，该功能生成了 1 张表和 1 张散点图。该表根据第 1 列中变量的自然序号，在第 2 列中通过数字呈现出它们各自的类别，相同的数字归为同一类。根据聚类分析的结果，基于不同类别使用不同的颜色和图例的原则，绘制出对应的散点图，直观呈现聚类结果。

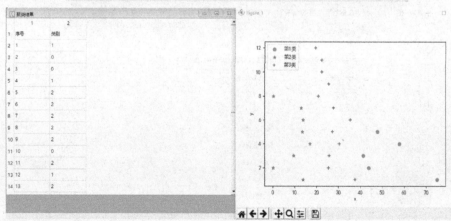

图 5-23　聚类分析模块

（2）皮尔逊系数分析算法

该部分功能可以根据输入的各变量数据，计算它们两两之间的皮尔逊系数，输出该皮尔逊系数矩阵，并在矩阵下方给定皮尔逊系数的相关性判定原则。

从图 5-24 可以看出，该功能生成了 1 张分析表。根据给定变量的数目 n，该表中记录了其对应的 $n \times n$ 的皮尔逊系数矩阵。若要知道两个变量之间的皮尔逊系数，只需要通过相应的行列顺序进行查找即可得到；该表最后几行还给出了皮尔逊系数的相关性判定原则。

皮尔逊系数	1	2	3	4	5
16	-0.3250526192878173	0.13674071542295754	0.389183218512787737	-0.40503256581648805	-0.1794626771338
17	0.17778836489416694	0.21353901349546786	0.14707242513202765	0.24156113278872585	0.57202703579575
18	-0.43502895267389911	-0.08547302065591425	0.31247948417091864	-0.46208658389811313	0.65126564964869
19	0.33541991116355164	-0.4581864523197538	-0.2095517666484341	0.17154865735850272	0.09476902875153
20	0.1934832892377354	0.3706709875361027	0.00990232525326187	0.04290427789767036	0.03627446184070
21	0.648039982117399	0.3691746659280413	0.09999798949795657	0.58645063321115343	0.51315368310978
22	0.19383812440168585	0.2118398352745778	0.16149842358092217	0.19123415237266794	0.14919514560891
23	0.2271484714664838	0.3485429571309017	-0.15969788529868512	0.06016369361518549	0.20685338218367
24	-0.4945554128755204	-0.40381268529828823	0.2756629988856473	-0.45109731949028037	-0.0038851943001
25	0.37819018113186503	0.23153679259844084	-0.09263360191660035	0.1331888835156006	0.67196747110860
26	0.8-1.0:极强相关				
27	0.6-0.8:强相关				
28	0.4-0.6:中等强度相关				
29	0.2-0.4:弱相关				
30	0.0-0.2:极弱相关或无关				

图 5-24　皮尔逊系数分析模块

（3）欧式距离分析算法

该部分功能可以根据输入的各变量数据，首先将它们进行归一化，再计算变量之间的欧式距离，最后输出该欧式距离矩阵。

从图 5-25 可以看出，根据给定变量的数目 n，该表中记录了其对应的 $n \times n$ 的欧式距离矩阵。若要知道两个变量之间的欧式距离，只需要通过相应的行列顺序进行查找即可得到。

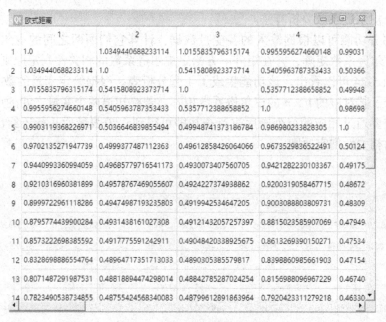

图 5-25   欧式距离分析模块

5. 系统异常处理

为了防止系统运行时出现异常，系统中对于运行的异常情况需进行及时处理，并实现良好的人机交互功能。

如图 5-26 所示，系统在使用者未导入文件就进行数据分析时，会弹出警告对话框，提示使用者需先导入数据文件，才可以进行数据分析。当使用者未按本系统所默认的格式编辑原始数据，就导入系统进行分析时，系统会提醒使用者所导入的数据格式不对，无法进行分析，需要重新导入。添加系统的异常处理功能，能有效防止系统崩溃等情况的发生。

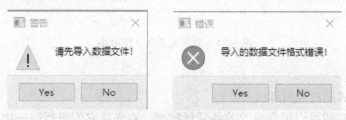

图 5-26   系统异常处理

参 考 文 献

[1] 裴哲义，丁杰，李晨，等．分布式光伏并网问题分析与建议 [J]．中国电力，2018，51（10）：80-87．

[2] 王义红，黄镔，申洪，等．酒泉风电基地二期 3GW 风电接入电网的无功补偿设备配置及输电能力研究 [J]．电网技术，2013，37（5）：1440-1446．

[3] 杨永标，于建成，李奕杰，等．含光伏和蓄能的冷热电联供系统调峰调蓄优化调度 [J]．电力系统自动化，2017，41（6）：6-12，29．

[4] 任洛卿，白泽洋，于昌海，等．风光储联合发电系统有功控制策略研究及工程应用 [J]．电力系统自动化，2014，38（7）：105-110．

[5] 周浩，陈建章，孙维真．电力市场中的电价分析与调控 [J]．电网技术，2004，28（6）：37-40．

[6] 吴杰康，龙军，何芬，等．电力市场中发电机组输出量的调节与优化 [J]．电网技术，2004，28（3）：55-58．

[7] 聂峥，章坚民，傅华渭．配变终端边缘节点化及容器化的关键技术和应用场景设计 [J]．电力系统自动化，2020，44（3）：154-163．

[8] 王方雨，刘文颖，李潇，等．考虑线损灵敏度一致性的外网静态等值模型 [J]．电网技术，2020，44（6）：2295-2305．

[9] 钟小强，陈杰，蒋敏敏，等．基于深度学习的台区线损分析方法 [J]．电网技术，2020，44（2）：769-774．

[10] 孙东雪，王主丁，商佳宜，等．计及电价和电量分摊的配电网项目经济评价 [J]．电网技术，2019，43（10）：3632-3640．

[11] 李滨，严康，罗发，等．最优标杆在市级电网企业线损精益管理中的综合应用 [J]．电力系统自动化，2018，42（23）：184-192．

[12] 岑炳成，安海云，周前，等．分压售电比例对线损率的影响分析 [J]．电力系统自动化，2018，42（11）：169-173．

[13] 黄湘，欧阳森，梁伟斌．考虑 DG 接入影响配电网经济运行时间的线损分摊模型 [J]．电力系统自动化，2018，42（8）：127-133，142．

[14] 胡嘉骅，文福拴，蒙文川，等．计及偏差电量分解的跨省区电能交易结算新方法 [J]．电力系统自动化，2016，40（18）：135-142，154．

[15] 李亚，刘丽平，李柏青，等．基于改进 K-Means 聚类和 BP 神经网络的台区线损率计算方法 [J]．中国电机工程学报，2016，36（17）：4543-4552．

[16] 张恺凯，杨秀媛，卜从容，等．基于负荷实测的配电网理论线损分析及降损对策 [J]．中国电机工程学报，2013，33（S1）：92-97．

[17] 彭宇文，刘克文．基于改进核心向量机的配电网理论线损计算方法 [J]．中国电机工程学报，2011，31（34）：120-126．

[18] 鲁文，李卫星，杜红卫，等．主动配电网综合能量管理系统设计与应用 [J]．电力系统自动化，2016，40（8）：133-139，151．

[19] 章元德，史亮，陆巍，等.线损信息化统计中数据质量管控机制及实现 [J].电力系统自动化，2016，40（7）：128-133.

[20] 李昀昊，王建学，王秀丽.基于混合聚类分析的电力系统网损评估方法 [J].电力系统自动化，2016，40（1）：60-65.

[21] 胡飞雄，何广春.南方电网西电东送节能减排效益分析 [J].电力系统自动化，2014，38（17）：20-24.

[22] 宋琪，文福拴，王维洲，等.智能电网社会效益测评的压力 - 状态 - 响应模型 [J].电力系统自动化，2014，38（2）：23-32.

[23] 于文鹏，刘东，翁嘉明.含分布式电源的配电网供电恢复模型及改进贪婪算法 [J].电力系统自动化，2013，37（24）：23-30.

[24] 蔡洪波，杨建林，冯冬涵，等.需求侧无功电价政策建议 [J].电力系统自动化，2013，37（21）：203-207.

[25] 杨小彬，李和明，尹忠东，等.基于层次分析法的配电网能效指标体系 [J].电力系统自动化，2013，37（21）：146-150，195.

[26] 高卫东，宋斌.月度实际线损率定量计算方法 [J].电力系统自动化，2012，36（2）：86-90.

[27] 卢志刚，李学平.基于蚁群的在线理论线损分析用输电网单线图自动布局 [J].电力系统自动化，2011，35（21）：74-77，90.

[28] 向婷婷，王主丁，蔡彪，等.一种农村低压线路规划的实用方法及相关表格 [J].电力系统自动化，2011，35（5）：91-95.

[29] 张勇军，石辉.基于灰关联加权的配电网紧凑型节能改造投资规划 [J].电力系统自动化，2010，34（22）：46-50.

[30] 李晓明，杨帆，舒欣，等.输电线可控线损防覆冰无功优化控制方法 [J].电力系统自动化，2009，33（24）：30-33.

[31] 汪胜和，黄太贵，王正风.基于模式识别的电能量数据辨识和校正 [J].电力系统自动化，2009，33（4）：100-103.

[32] Choton K. Das，Octavian Bass，Thair S. Mahmoud，et al.Optimal allocation of distributed energy storage systems to improve performance and power quality of distribution networks[J]. Applied Energy，2019，252：1245-1252.

[33] Wei Mei-fang，Long Min，Li Jun-yi，et al.Research on the monitoring system design for the line loss of the distribution line based on dynamic three-phase unbalance degree[J].Procedia Computer Science，2019，155：889-894.

[34] 荆心，雷聚超.供电所标准化作业系统设计与实现 [J].电力系统自动化，2008，32（22）：94-96.

[35] 王育槐，焦瑾.配电变压器低压侧互联以降低配电网线损率 [J].电力系统自动化，2008，32（16）：103-106.

[36] 张义涛，王泽忠，刘丽平，等.基于灰色关联分析和改进神经网络的 10kV 配电网线损预测 [J].电网技术，2019，43（4）：1404-1410.

[37] 苏晨，吴在军，周力，等.计及线路损耗的自治型微电网群分布式经济控制 [J].电网技术，

2017，41（6）：1839-1846.

[38] 李滨，刘铸峰，黄柳军，等 . 县级电网线损管理综合对标评价 [J]. 电网技术，2016，40（12）：3871-3880.

[39] 赵俊光，王主丁，乐欢 . 中压配电网规划中馈线电气计算的估算方法 [J]. 电力系统自动化，2008，32（16）：98-102.

[40] 陈海涵，邓昌辉，程启诚 . 配电网无功补偿降损效果的评估 [J]. 电力系统自动化，2006，30（13）：105-107.

[41] 孟晓丽，李惠玲，盛万兴 . 省／地／县一体化配电网线损管理系统的设计与实现 [J]. 电力系统自动化，2005，29（23）：87-90.

[42] 卫志农，王亮，周红军，等 . 基于拓扑分析的电能表编码方法 [J]. 电力系统自动化，2004，28（7）：75-77，89.

[43] Tianli Song，Yang Li，Xiao-Ping Zhang，et al.Integrated port energy system considering integrated demand response and energy interconnection[J].International Journal of Electrical Power and Energy Systems，2020，117：78-83.

[44] 袁慧梅，郭喜庆，于海波 . 中压配电网线损计算新方法 [J]. 电力系统自动化，2002，28（11）：50-53.

[45] 王成山，刘姝，林勇 . 基于区间算法的配电网线损理论计算 [J]. 电力系统自动化，2002，27（2）：22-27.

[46] 毕鹏翔，刘健，张文元 . 配电网络重构的研究 [J]. 电力系统自动化，2001，27（14）：54-60.

[47] Mohd Effendi Amran，Mohd Nabil Muhtazaruddin，Firdaus Muhammad-Sukki，et al.Photovoltaic expansion-limit through a net energy metering scheme for selected malaysian public hospitals[J].Sustainability，2019，11（18）：178-184.

[48] 蔡兴国，刘玉军 . 边际成本法在输电定价中的应用 [J]. 电力系统自动化，2000，24（6）：21-24.

[49] 王拓，甘文泉，王朝晖，等 . 应用面向对象方法做电网（配网）电能损耗理论计算 [J]. 电力系统自动化，1997，23（11）：22-24.

[50] Chang Chen，Honggeng Yang，Weikang Wang，et al.Harmonic transmission characteristics for ultra-long distance AC transmission lines based on frequency-length factor[J].Electric Power Systems Research，2020，182：1567-1573.

[51] 安晓华，欧阳森，冯天瑞，等 . 中压馈线理论线损率标杆值的优化设计方法及应用 [J]. 电网技术，2016，40（1）：199-206.

[52] 王相伟，史玉良，张建林，等 . 基于 Hadoop 的用电信息大数据计算服务及应用 [J]. 电网技术，2015，39（11）：3128-3133.

[53] 赵磊，栾文鹏，王倩 . 应用 AMI 数据的低压配电网精确线损分析 [J]. 电网技术，2015，39（11）：3189-3194.

[54] 胡婷，张银芽，杨东俊，等 . 确定特高压交流跨区电能交易中计划综合网损率的新方法 [J]. 电网技术，2014，38（9）：2556-2561.

[55] 马丽叶，卢志刚，刘佳，等 . 计及负荷不确定性的电网参数分析和优化 [J]. 电网技术，

2012，36（12）：146-152.

[56] 宫鑫，林涛，苏秉华．插电式混合电动汽车充电对配电网的影响 [J]. 电网技术，2012，36
（11）：30-35.

[57] 黎灿兵，尚金成，李响，等．集中调度与发电企业自主调度相协调的节能调度体系 [J]. 中
国电机工程学报，2011，31（7）：112-118.

[58] 李鹏，廉超，李波涛．分布式电源并网优化配置的图解方法 [J]. 中国电机工程学报，2009，
29（4）：91-96.

[59] 颜伟，吕志盛，李佐君，等．输电网的蒙特卡罗模拟与线损概率评估 [J]. 中国电机工程学
报，2007，27（34）：39-45.

[60] 王建国，杨秀苔．考虑分布式电源接入的新农村电网规划模型 [J]. 电网技术，2012，36（3）：
264-268.

[61] 梁才，刘文颖，周喜超，等．750kV 电网在甘肃电网中的降损作用分析 [J]. 电网技术，2012，
36（2）：100-103.

[62] 王楠，张粒子，王军，等．跨省跨区交易穿越线损补偿方法 [J]. 电网技术，2011，35（12）：
171-176.

[63] 周静姝，马进，徐昊，等．特高压半波长交流输电系统稳态及暂态运行特性 [J]. 电网技术，
2011，35（9）：28-32.

[64] 苏毅，刘海波，叶任时，等．大距离差直流汇流电缆差异化配置技术 [J]. 太阳能学报，2018，
39（9）：2633-2640.

[65] 许喆，陈玮，丁军策，等．南方区域各市场主体同台竞价交易输电价格机制设计 [J]. 电力
需求侧管理，2020，22（5）：88-92.

[66] 梁启硕．阳西供电局线损现状及降低线损的技术措施分析 [J]. 机电信息，2020，23（27）：
79-80.

[67] 王涛，贺春光，周兴华，等．基于分布式电源选址定容的配网降损方法研究 [J]. 可再生能
源，2020，38（9）：1246-1251.

[68] 张廷营，陈玮，代红阳，等．现货条件下南方区域跨区跨省交易结算方法 [J]. 广东电力，
2020，33（8）：130-136.

[69] G. Meerimatha，B. Loveswara Rao.Novel reconfiguration approach to reduce line losses of the
photovoltaic array under various shading conditions[J].Energy，2020，196-201.

[70] 徐为，霍晓艳，严璐，等．供电企业窃电方式分析及反窃电案例研究 [J]. 自动化应用，
2020，27（8）：90-92.

[71] 陈建华，皇甫成，梁吉，等．一种基于实际数据驱动的新能源出力对电网线损影响评估方
法 [J]. 电网与清洁能源，2020，36（8）：60-66.

[72] 张勇军，石辉，翟伟芳，等．基于层次分析法 - 灰色综合关联及多灰色模型组合建模的线
损率预测 [J]. 电网技术，2011，35（6）：71-76.

[73] 廖国栋，杨高才，谢欣涛，等．供电方式对中压配电网技术经济性的影响 [J]. 电网技术，
2011，35（3）：113-118.

[74] 曾鸣，田廓，李娜，等．分布式发电经济效益分析及其评估模型 [J]. 电网技术，2010，34
（8）：129-133.

[75] 鲍海，马千.电网线损的物理分布机理 [J].中国电机工程学报，2005，23（21）：85-89.

[76] 姜惠兰，安敏，刘晓津，等.基于动态聚类算法径向基函数网络的配电网线损计算 [J].中国电机工程学报，2005，25（10）：35-39.

[77] 郑耀东，宋兴光，王成祥，等.基于四分法的南方电网经济调度模拟分析 [J].电网技术，2010，34（4）：52-56.

[78] 娄北，张鸿雁，孙卉，等.基于浏览器 / 服务器架构的低压电网线损计算与管理系统 [J].电网技术，2010，34（2）：211-214.

[79] Dai W，Song W，Lv Y，et al.The construction scheme of d-iot cloud master station[J].Journal of Physics：Conference Series，2020，1518（1）：786-791.

[80] 卢志刚，李爽.基于直接神经动态规划的电网状态估计及理论线损计算 [J].电网技术，2008，32（23）：50-55.

[81] 姚水秋，周自强，许永明，等.无线传感器网络技术在新农村供电模式中的应用 [J].电网技术，2008，32（S1）：106-108.

[82] 黄冰，黄留欣.调压型实时无功自动补偿装置的应用 [J].电网技术，2008，32（S1）：11-13.

[83] 张运洲，韩丰，赵彪，等.直流电压等级序列的经济比较 [J].电网技术，2008，26（9）：37-41.

[84] 文福拴，韩祯祥.基于分群算法和人工神经元网络的配电网线损计算 [J].中国电机工程学报，1993，13（3）：43-53.

[85] Yvonne Tzu-Ying Wu，Arthur Ho，Thomas Naduvilath，et al.The risk of vision loss in contact lens wear and following LASIK[J].Ophthalmic and Physiological Optics，2020，40（2）：18-25.

[86] 张晓辉，陈冰，贺勇，等.含能效电厂的计及线损率的多目标低碳电源规划 [J].太阳能学报，2020，41（5）：250-257.

[87] 刘金亮，宋文乐，黄庆，等.基于分布式电源接入的低压台区节点模型抗损研究 [J].机械与电子，2020，38（8）：12-16.

[88] Qi Liu，Xingquan Ji，Huailu Wang.Dynamic reconfiguration of active distribution system based on matrix shifting operation and interval merger[J].Journal of Electrical Engineering & Technology，2020，15（9）：36-45.

[89] 唐伟，贺星棋，滕予非，等.台区三相不平衡运行监测和治理分析 [J].四川电力技术，2020，43（4）：75-79.

[90] 李海铎，杨建万，李坤，等.数据校核与校正算法实现电网线损监测研究 [J].信息技术，2020，44（8）：55-59，64.

[91] Pablo Marchi，Francisco Messina，Leonardo Rey Vega，et al.Online tracking of sub-transient generator model variables using dynamic phasor measurements[J].Electric Power Systems Research，2020：180-185.

[92] 马丽叶，刘建恒，卢志刚，等.基于深度置信网络的低压台区理论线损计算方法 [J].电力自动化设备，2020，40（8）：140-146.

[93] 李芳，程相刚.典型配置下分布式新能源优化配置 [J].农村电气化，2020，27（8）：54-

56，79.

[94] Ning Li，Li Ning，Zhang Wei，et al.Research on key techniques for negative line loss rectification of interprovincial transmission lines[J].IOP Conference Series：Earth and Environmental Science，2020，558（5）：157-161.

[95] 彭志峰. 线路线损及台区线损降损管理研究 [J]. 科技创新与应用，2020，23（23）：195-196.

[96] 杨晔. 光伏电站并网对配电网线损率影响分析 [J]. 中国设备工程，2020，27（15）：212-213.

[97] 刘璐. 基于降低线损的用电检查工作措施分析 [J]. 通讯世界，2020，27（7）：162-163.

[98] Qi Liu，Shouxiang Wang，Xingquan Ji，et al. Power sensitivity models with wide adaptability in active distribution networks considering loops and DC networks[J]. International Transactions on Electrical Energy Systems，2020，30（3）：775-781.

[99] Oludamilare Bode Adewuyi，Harun Or Rashid Howlader，Isaiah Opeyemi Olaniyi，et al.Comparative analysis of a new VSC-optimal power flow formulation for power system security planning[J].International Transactions on Electrical Energy Systems，2020，30（3）：1335-1341.

[100] Rafael Montoya-Mira，Pedro A. Blasco，José M. Diez，et al.Unbalanced and reactive currents compensation in three-phase four-wire sinusoidal power systems[J].Applied Sciences，2020，10（5）：1456-1461.

[101] 周士跃，陈军，刘海燕. 电力网电能损耗在线计算与分析系统 [J]. 电网技术，2007，25（9）：88-90.

[102] 刘军，钱奇，刘海涛，等. 配电网数据采集与线损自动化系统研究 [J]. 电网技术，2006，24（S2）：570-574.

[103] 辛开远，杨玉华，陈富. 计算配电网线损的 GA 与 BP 结合的新方法[J]. 中国电机工程学报，2002，27（2）：80-83.

[104] 毕鹏翔，刘健，张文元. 配电网络重构的改进支路交换法 [J]. 中国电机工程学报，2001，24（8）：99-104.

[105] 郁家麟，顾韬，沈浚，等. 基于 RF-CPSO-LSSVM 的日线损率置信区间预测研究 [J]. 浙江电力，2020，39（7）：60-65.

[106] Serdar Özyön. Optimal short-term operation of pumped-storage power plants with differential evolution algorithm[J]. Energy，2020，44（10）：194-199.

[107] 杨李星.10kV 配电网线损异常的原因及降损措施 [J]. 电力设备管理，2020，23（7）：47-48，51.

[108] 贾黎亮，李春华，李强仁，等.110kV 线路线损运行特征分析 [J]. 电力设备管理，2020，24（7）：55-57.

[109] 吴科成，曲毅，陈义森，等. 基于行业实用系数的台区线损率标杆值计算方法 [J]. 广东电力，2020，33（7）：81-91.

[110] 刘俊，杨京京，陈远良，等. 改进 BP 神经网络模型对低压台区线损率计算方法的优化分析 [J]. 电子设计工程，2020，28（14）：171-174.

[111] 徐基前，杨黄河，程鑫.基于泛在电力物联网的低压台区全息感知技术 [J]. 物联网技术，
2020，10（7）：10-11, 15.

[112] 高志宏，马晓久，张辉.基于电采信息系统的变压器台区线损成因分析 [J]. 价值工程，
2020，39（20）：214-216.

[113] Alexander Groß，Dmitry Chernyakov，Lisa Gallwitz，et al.Deletion of von hippel–lindau
interferes with hyper osmolality induced gene expression and induces an unfavorable gene
expression pattern[J].Cancers，2020，12（2）：201-207.

[114] Muhammad Nadeem，Kashif Imran，Abraiz Khattak，et al.Optimal placement, sizing and
coordination of FACTS devices in transmission network using whale optimization algorithm[J].
Energies，2020，13（3）：345-351.

[115] 孟凯.低压配电网三相负荷不平衡危害及防治措施 [J]. 机电工程技术，2020，49（4）：
184-186.

[116] 郑惠玫.同期线损系统在一体化电量线损管理的应用 [J]. 电子技术，2020，49（4）：120-
121.

[117] Dan Z. Reinstein，Timothy J. Archer，Ryan S. Vida，et al.Suction stability management in
small incision lenticule extraction：incidence and outcomes of suction loss in 4000 consecu-
tive procedures[J].Acta Ophthalmologica，2020，98（1）：230-235.

[118] 李妍红，刘明波，陈荃.配电网低压动态无功补偿降损效果评估 [J]. 电网技术，2006，30
（19）：80-85.

[119] 余卫国，熊幼京，周新风，等.电力网技术线损分析及降损对策 [J]. 电网技术，2006，30
（18）：54-57, 63.

[120] 陈得治，郭志忠.基于负荷获取和匹配潮流方法的配电网理论线损计算 [J]. 电网技术，
2005，27（1）：80-84.

[121] 许汉平，侯进峰，施流忠，等.基于状态估计数据的电网线损理论计算方法 [J]. 电网技术，
2003，27（3）：59-62.

[122] 苗培青，陆超."双值"比对法在线损自动生成与分析系统中的应用 [J]. 电网技术，2001，
25（12）：60-63.

[123] Celal Yaşar，Serdar Özyön.A modified incremental gravitational search algorithm for short-
term hydrothermal scheduling with variable head[J].Engineering Applications of Artificial
Intelligence，2020，34（25）：95-101.

[124] 唐寅生，李文云.500kV 漫湾 - 草铺输电系统优化无功潮流调整控制研究 [J]. 电网技术，
2001，25（5）：49-52, 62.

[125] 江北，刘敏，陈建福，等.地区电网降低电能损耗的主要措施分析 [J]. 电网技术，2001，
25（4）：62-65.

[126] 李占昌，赵福生.利用实时监控系统计算实际线损的研究与实践 [J]. 电网技术，2000，24
（7）：37-40.

[127] 丁心海，罗毅芳，刘巍，等.配电网线损理论计算的实用方法——改进迭代法 [J]. 电网技
术，2000，24（1）：39-42.

[128] Aliva Routray，Khyati D. Mistry，Sabha Raj Arya.Wake analysis on wind farm power genera-

tion for loss minimization in radial distribution system[J].Renewable Energy Focus，2020，27（4）：34-40.

[129] Choton K. Das，Octavian Bass，Thair S. Mahmoud，et al. An optimal allocation and sizing strategy of distributed energy storage systems to improve performance of distribution networks[J]. Journal of Energy Storage，2019，77（46）：26-30.

[130] Markus Lenzhofer，Clemens Strohmaier，Melchior Hohensinn，et al.Change in visual acuity 12 and 24 months after transscleral ab interno glaucoma gel stent implantation with adjunctive Mitomycin C[J].Graefe's Archive for Clinical and Experimental Ophthalmology，2019，257（12）：850-856.

[131] 刘健，毕鹏翔，武晓朦．馈线的等效负荷密度模型 [J]．中国电机工程学报，2003，32（1）：71-74，112.

[132] 郑伟权．10kV 配电网系统自动化关键技术要点分析 [J]．科学技术创新，2020，25（19）：168-169.

[133] 李燕，贾新立，江洪，等．无功补偿在配电网中应用的实验与分析 [J]．电子制作，2020，25（13）：95-97.

[134] Ihssan A Amin，Amin Ihssan A，Mahmood Dhari Y，et al. Optimal location of UPFC devices for minimizing Losses in Transmission Line[J]. IOP Conference Series：Materials Science and Engineering，2020，881（1）：78-84.

[135] 李清涛，任宇驰，王远，等．基于人工神经网络全连接层优化的线损异常诊断方法研究 [J]．电气应用，2020，39（4）：82-88.

[136] Karrar Hameed Kadhim. Amelioration of electrical power quality based on modulated power filter compensator[J]. Journal of University of Babylon，2017，25（5）：223-227.

[137] Selcuk Sakar，Murat E Balci，Shady H E. Abdel Aleem，et al.Increasing PV hosting capacity in distorted distribution systems using passive harmonic filtering[J]. Electric Power Systems Research，2017，37（9）：148-154.

[138] 杨可盈．10kV 配电网的线损管理及降损策略 [J]．通讯世界，2020，27（6）：176-178.

[139] 詹昕，姚奔，金诚，等．一种基于主成分回归的线损率成因分析方法研究 [J]．机电信息，2020，25（18）：130-131.

[140] 吴笛．基于电能表的低压台区线损故障分析和降损措施 [J]．电子技术与软件工程，2020，28（12）：210-211.

[141] 杨继宏，施罳．厂用变压器节能改造与经济运行分析 [J]．宁波节能，2020，（3）：44-46.

[142] 郝新培，耿振．同期线损系统在配电网中的应用 [J]．安徽电力，2020，37（2）：37-38，42.

[143] Delabays Robin，Tyloo Melvyn，Jacquod Philippe. Rate of change of frequency under line contingencies in high voltage electric power networks with uncertainties.[J]. Chaos（Woodbury，N.Y.），2019，29（10）：108-114.

[144] 苗兴，邢新超，何松辉．低压台区线损精细化治理方法探究 [J]．科技创新与生产力，2020，23（6）：43-46.

[145] 宋武升．电力计量自动化在线损管理中的应用 [J]．集成电路应用，2020，37（6）：62-63.

[146] 陆勋，林诚，董挺．电力营销管理中降低线损的措施分析 [J]. 集成电路应用，2020，37（6）：78-79.

[147] Stella Mazurova，Marketa Tesarova，Jiri Zeman，et al.Fatal neonatal nephrocutaneous syndrome in 18 Roma children with EGFR deficiency[J].The Journal of Dermatology，2020，47（6）：88-94.

[148] 李赓，曹得胜，胡笳．"共享电能表"在台区线损治理中的应用 [J]. 农村电工，2020，28（5）：53.

[149] 李培法，李田，张勇．精确定位"隐蔽型"故障表计精细管控降线损 [J]. 农村电工，2020，28（5）：54.

[150] Chang Chen，Honggeng Yang，Weikang Wang，et al.Harmonic transmission characteristics for ultra-long distance AC transmission lines based on frequency-length factor[J].Electric Power Systems Research，2020，73（46）：182-194.

[151] Koneru Lakshmaiah Education Foundation．Novel reconfiguration approach to reduce line losses of the photovoltaic array under various shading conditions [J]. Energy Weekly News，2020，28（2）：119-125.

[152] Tianli Song，Yang Li，Xiao-Ping Zhang，et al.Integrated port energy system considering integrated demand response and energy interconnection[J].International Journal of Electrical Power and Energy Systems，2020，58（17）：117-124.

[153] 史琳．基于线损分析的配变终端异常管控 [J]. 电子测试，2020，23（19）：112-113，74.

[154] 朱凌霄，谭向东，袁普中，等．电网理论线损计算及降损研究 [J]. 低碳世界，2019，9（11）：90-91.

[155] K. Okakwu Ignatius，A. Ogujor Emmanuel，A. Oriaifo Patrick. Load flow assessment of the nigeria 330-kV power system[J]. American Journal of Electrical and Electronic Engineering，2017，5（4）：1123-1129.

[156] 秦海军．计量自动化大数据在配电网管理上的应用 [J]. 通讯世界，2019，26（11）：237-238.

[157] 韩启银．基于电能计量自动化系统的线损分析 [J]. 通信电源技术，2019，36（11）：103-104.

[158] 刘腾，李刚，孟妍，等．物联网模块在智能电能表中的研究与应用 [J]. 电力信息与通信技术，2019，17（11）：63-69.

[159] Boonen Rick A C M，Rodrigue Amélie，Stoepker Chantal，et al. Functional analysis of genetic variants in the high-risk breast cancer susceptibility gene PALB2.[J]. Nature Communications，2019，10（1）：111-119.

[160] Rick A. C. M. Boonen，Amélie R，Chantal S，et al. Functional analysis of genetic variants in the high-risk breast cancer susceptibility gene PALB2[J]. Nature Communications，2019，10（3）：38-45.

[161] 冯逸．基于集中抄表模式的农村供电线损分析 [J]. 集成电路应用，2019，36（12）：46-47.

[162] 李坤，邵方冰，张瑞曦，等．基于 SPSS Modeler 的高损耗线路模式识别体系的研究 [J]. 智慧电力，2019，47（11）：92-96，103.

[163] Betters K A, Hebbar K B, Farthing D, et al. Development and implementation of an early mobility program for mechanically ventilated pediatric patients[J]. Journal of critical care, 2017, 41（3）: 90-98.

[164] 宋树宏，王炜，王伟恒，等 . 基于采集系统线损率溯源分析方法研究 [J]. 东北电力技术，2019, 40（11）: 60-62.

[165] Steven R. Spielman, Susanne V. Hering, Chongai Kuang, et al. Preliminary investigation of a water-based method for fast integrating mobility spectrometry[J]. Aerosol Science and Technology, 2017, 51（10）: 76-86.

[166] 常悦 .220kV 智能站合并单元对分线线损治理的影响分析 [J]. 江苏科技信息，2019, 36（32）: 52-56.

[167] 朱志峰，朱书玲，王东虎，等 . 低压台区精益化管理方案设计 [J]. 物联网技术，2019, 9（11）: 71-73.

[168] Oludamilare B A, Mikaeel A, Isaiah O, et al. Voltage security-constrained optimal generation rescheduling for available transfer capacity enhancement in deregulated electricity markets[J]. Energies, 2019, 12（22）: 88-95.

[169] 潘波 . 电力营销线损管理中的问题分析及对策 [J]. 科技经济导刊，2019, 27（32）: 59.

[170] 张海林，夏传良 . 基于 GPRS 的电力需求侧管理系统设计与实现 [J]. 软件导刊，2019, 18（11）: 62-65.

[171] Tejeswara R N, Mani S M, Sravani K, et al. A fuzzified Pareto multiobjective cuckoo search algorithm for power losses minimization incorporating SVC[J]. Soft Computing, 2019, 23（21）: 118-129.

[172] 聂峥，章坚民，傅华渭 . 配变终端边缘节点化及容器化的关键技术和应用场景设计 [J]. 电力系统自动化，2020, 44（3）: 154-163.

[173] 田丹 . 基于大数据平台的电网线损分析关键技术研究 [J]. 科学技术创新，2019, 25（26）: 92-93.

[174] 廖志军 . 浅析供电所的线损管理工作要点 [J]. 科技经济导刊，2019, 27（26）: 97.

[175] Acharjee P. Improvement of the line losses, weaker buses and saddle-node-bifurcation points using reconfigurations of the identified suitable lines[J]. International Journal of Power and Energy Conversion, 2019, 10（3）: 188-197.

[176] 姚俊宏 . 基于电网大数据的线损精细化探究 [J]. 现代工业经济和信息化，2019, 9（8）: 99-100.

[177] 陈法文，程志秋，刘洋，等 . 技术线损影响因素及计算模型研究 [J]. 科技经济导刊，2019, 27（25）: 39, 41.

[178] Kalair A, Abas N, Kalair A R, et al. Review of harmonic analysis, modeling and mitigation techniques[J].Renewable and Sustainable Energy Reviews, 2017, 78（1）: 1152-1187.

[179] 熊颖杰 . 基于电能量计量系统的通信故障典型案例分析 [J]. 电力与能源，2019, 40（4）: 410-412.

[180] 朱颖亮 . 一种基于台区总表测算台区线损率的用电检查方法 [J]. 电力与能源，2019, 40（4）: 440-442.

[181] 彭昭 . 配电网线损分析及降损对策 [J]. 通信电源技术，2019，36（8）：221-222.

[182] 杜磊 . 配电网极限线损分析及降损增效优化措施研究 [J]. 通信电源技术，2019，36（8）：245-246.

[183] 王晓明 . 集抄模式下的农村供电所线损技术分析 [J]. 通信电源技术，2019，36（8）：145-146.

[184] 冯晓刚 . 输配电工程及用电工程中线损管理的要点探究 [J]. 低碳世界，2019，9（8）：145-146.

[185] 安静 . 供电企业计量自动化系统应用探讨 [J]. 数字技术与应用，2019，37（8）：91-92.

[186] Faheem U, Ayaz A, Hameed U, et al. Efficient sizing and placement of distributed generators in cyber-physical power systems[J]. Journal of Systems Architecture, 2019, 97（1）: 18-28.

[187] 刘丹霞 . 一体化电量与线损管理系统的建设与应用 [J]. 通讯世界，2019，26（8）：240-241.

[188] 周全 . 刍议用电信息采集系统的台区线损治理 [J]. 通讯世界，2019，26（8）：279-280.

[189] Alexander M, Alexander E, Veit H, et al. Hierarchical distributed mixed-integer optimization for reactive power dispatch[J]. IFAC PapersOnLine, 2018, 51（28）: 1066-1072.

[190] Gudjonsdottir V, Ferreira C A, Goethals A. Wet compression model for entropy production minimization[J]. Applied Thermal Engineering, 2018, 38（1）: 87-96.

[191] 梁晓华 . 探析配网系统电力运行中的线损原因及其控制策略 [J]. 建筑技术研究,2018,1(5)：23-26.

[192] Rahman IU. Smart net energy metering system[J].Journal of Electrical & Electronic Systems, 2018, 7（4）: 45-54.

[193] Surajit S, Sriparna RG, Basu D, et al. Optimal placement of DSTATCOM, DG and their performance analysis in deregulated power system[J].International Journal of Power and Energy Conversion, 2018, 10（1）: 65-76.

[194] Dean Y, Diego A. Sonja W. Storage allocation and investment optimization for transmission-constrained networks considering losses and high renewable penetration[J]. IET Renewable Power Generation, 2018, 12（16）: 18-29.

[195] 李晓军，梁纪峰，宋楠，等 .220kV 分区运行对地区电网理论线损的影响分析 [J]. 东北电力技术，2020，41（2）：33-36，52.

[196] Xing S, Lu J D, Zhang C, et al. Does line loss broaden the deviation between the added value of industry and the industrial electricity consumption in China[J]. Environment, Development and Sustainability, 2019, 21（4）: 67-76.

[197] 赵佩，陶鹏，李翀，等 . 基于多维指标数据分析的台区健康智能体检研究设计 [J]. 供用电，2019，36（8）：84-89.

[198] Jessica M, Laura M. Life lines : loss, loneliness and expanding mesh works with an urban walk and talk group[J]. Health and Place, 2018, 53（2）: 18-24.

[199] Beshr E H, Abdelghany H, Eteiba M. Novel optimization technique of isolated microgrid with hydrogen energy storage.[J]. PloS one, 2018, 13（2）: 44-54.

[200] 李海明 .ORC 异步发电机至并网点距离对发电安全的影响分析 [J]. 电气传动自动化，

2019，41（4）：56-58.

[201] 辛永，黄文思，陆鑫，等 . 基于深度学习 LSTM 的线损预测技术研究与应用 [J]. 电气自动化，2019，41（4）：104-106.

[202] Varsha S，Galgali，M Ramachandran，G A Vaidya. Multi-objective optimal sizing of distributed generation by application of Taguchi desirability function analysis[J]. SN Applied Sciences，2019，1（7）：33-39.

[203] Bao G H，Ke S K. Load transfer device for solving a three-phase unbalance problem under a low-voltage distribution network[J]. Energies，2019，12（15）：55-64.